Thieme

FAKTEN.

Arterielle Hypertonie

Martin Middeke

Georg Thieme Verlag
Stuttgart · New York

Bibliografische Information Der Deutschen Nationalbibliothek
Die Deutsche Nationalbibliothek verzeichnet diese Publikation in der Deutschen Nationalbibliografie; detaillierte bibliografische Daten sind im Internet über http://dnb.d-nb.de abrufbar.

Wichtiger Hinweis: Wie jede Wissenschaft ist die Medizin ständigen Entwicklungen unterworfen. Forschung und klinische Erfahrung erweitern unsere Erkenntnisse, insbesondere was Behandlung und medikamentöse Therapie anbelangt. Soweit in diesem Werk eine Dosierung oder eine Applikation erwähnt wird, darf der Leser zwar darauf vertrauen, dass Autoren, Herausgeber und Verlag große Sorgfalt darauf verwandt haben, dass diese Angabe **dem Wissensstand bei Fertigstellung des Werkes** entspricht.
Für Angaben über Dosierungsanweisungen und Applikationsformen kann vom Verlag jedoch keine Gewähr übernommen werden. **Jeder Benutzer ist angehalten**, durch sorgfältige Prüfung der Beipackzettel der verwendeten Präparate und gegebenenfalls nach Konsultation eines Spezialisten festzustellen, ob die dort gegebene Empfehlung für Dosierungen oder die Beachtung von Kontraindikationen gegenüber der Angabe in diesem Buch abweicht. Eine solche Prüfung ist besonders wichtig bei selten verwendeten Präparaten oder solchen, die neu auf den Markt gebracht worden sind. **Jede Dosierung oder Applikation erfolgt auf eigene Gefahr des Benutzers.** Autoren und Verlag appellieren an jeden Benutzer, ihm etwa auffallende Ungenauigkeiten dem Verlag mitzuteilen.
Insbesondere sei hier auch noch darauf hingewiesen, dass die in diesem Buch aufgeführten Handelsnamen exemplarisch ausgewählt sind und keinen Anspruch auf Vollständigkeit erheben.
Geschützte Warennamen (Warenzeichen) werden **nicht** besonders kenntlich gemacht. Aus dem Fehlen eines solchen Hinweises kann also nicht geschlossen werden, dass es sich um einen freien Warennamen handelt.

Rüdigerstraße 14, D-70469 Stuttgart
Unsere Homepage: www.thieme.de

Printed in Germany
Umschlaggestaltung: Thieme Verlagsgruppe
Umschlagfoto: Studio Nordbahnhof, Stuttgart
Satz: primustype Robert Hurler GmbH, Notzingen
Druck: Druckhaus Götz GmbH, Ludwigsburg

ISBN 3-13-143611-5 1 2 3 4 5 6
ISBN 978-3-13-143611-5

Vorwort

Der hohe Blutdruck ist (nur) das Leitsymptom – die Hypertonie ist eine interdisziplinäre Angelegenheit, bei der Fächer wie die Nephrologie, Kardiologie, Endokrinologie und Psychosomatik gefordert sind, ihren Beitrag zur adäquaten Hypertoniediagnostik und -therapie beizutragen.

Aus epidemiologischer Sicht ist die Hypertonie als häufigster Risikofaktor hauptverantwortlich für die leider immer noch sehr hohe kardio- und zerebrovaskuläre Morbidität und Mortalität als Folge der unzureichenden Behandlungsqualität; der Prozentsatz kontrollierter Hypertoniker ist nach wie vor viel zu niedrig. Deshalb muss die Hypertonie und ihre adäquate Therapie von allen Beteiligten ernster genommen werden. Dringend erforderlich ist dabei eine neue Sichtweise, die mit vielen althergebrachten Einstellungen und Meinungen aufräumt. Es ist z.B. unwahr und kontraproduktiv, die alte Lehrformel *„essenzielle Hypertonie = Ursache unbekannt"* gleich einem Mantra weiter in Lehrbüchern und Vorlesungen zu verbreiten.

Man kann natürlich lange und vortrefflich über Ätiologie, Pathogenese, kausale Faktoren und Ursachen diskutieren. Spätestens wenn der Patient mit hohem Blutdruck in der Sprechstunde sitzt, will er konkret wissen, woher sein Hochdruck kommt. Die wichtigsten Faktoren, die für die Anlage und Manifestation der Hypertonie verantwortlich sind, sind identifiziert und können mit entsprechender Bereitschaft, etwas Mühe und großer Wahrscheinlichkeit auch beim einzelnen Patienten identifiziert werden. Neben der genetisch-familiären Belastung hat der Lebensstil eine überragende Bedeutung: die Kombination aus Übergewicht und Bewegungsmangel haben quantitativ die größte Bedeutung für die Manifestation der Hypertonie.

Es ist eine vornehme ärztliche Aufgabe, die Bedeutung des Leitsymptoms Hypertonie im Lebenskontext des einzelnen Patienten zu identifizieren und ihm eine optimale und individuelle Behandlung anzubieten. Das therapeutische Arsenal ist heute so groß wie noch nie. Der Mangel besteht in der konsequenten Anwendung der wissenschaftlich belegten Möglichkeiten.

Ziel dieses kompakten Buches **FAKTEN. Arterielle Hypertonie** ist es, sowohl allgemeinärztliche und fachärztliche Kollegen als auch interessierte Laien und Betroffene umfassend über das Krankheitsbild Hypertonie zu informieren. Dazu wurden die im Alltag relevanten Informationen zusammengestellt und für einen möglichst optimalen Informationszugriff klar strukturiert.

München im Juli 2006 Martin Middeke

Anschrift

Prof. Dr. med. Martin Middeke
Blutdruckinstitut München
Osterwaldstraße 69
80805 München

www.blutdruckinstitut.de

Literaturhinweise

Akutelle Literaturhinweise zu den einzelnen Kapiteln finden Sie unter

www.thieme.de/specials/fakten-hypertonie

1 Epidemiologie

- Die Hypertonie ist weltweit der häufigste Risikofaktor für zerebro- und kardiovaskuläre Erkrankungen. In Deutschland haben schätzungsweise ca. 30 Millionen Menschen einen zu hohen Blutdruck. Da mit zunehmendem Alter der systolische Blutdruck ansteigt, ist die Prävalenz der Hypertonie im Alter besonders hoch. Dies betrifft insbesondere die isolierte systolische Hypertonie (ISH).

1.1 Allgemeine Prävalenz (und Vergleich mit anderen Ländern)

- Die Hypertonie steht weltweit mit 5,8% als Ursache für die Gesamtsterblichkeit an dritter Stelle nach Mangelernährung (11,7%) und Rauchen (6,0%) (Abb. 1.1). Sie ist die einzige Erkrankung unter den zehn wichtigsten Risikofaktoren: Es folgen Trinkwasser und Hygiene, Bewegungsmangel, unsafe sex, Alkohol, Luftverschmutzung, Drogen und Arbeitsunfälle.
- Die Mangelernährung spielt in Deutschland und anderen westlichen Ländern keine Rolle. Im Gegenteil: Die Adipositas ist ein auch bei uns zunehmendes Problem. Deutschland belegt bei der Prävalenz der Adipositas bereits einen der vorderen Plätze.

! ***Merke:*** Adipositas und Bewegungsmangel sind zwei Hauptfaktoren, die zur Hypertonie führen.

- So ist es nicht verwunderlich, dass die Prävalenz der Hypertonie in Deutschland in den letzten Jahren sogar leicht zugenommen hat.

! ***Merke:*** Die **Prävalenz der Hypertonie** liegt **in Deutschland** bei ca. 40% oder ca. 30 Millionen Bundesbürger.

- Dabei zeigen sich deutliche regionale Unterschiede: 60% in Vorpommern (SHiP-Studie) und 40% in der Region Augsburg (KORA-Studie) für Männer und 38,5% bzw. 28,6% für Frauen.

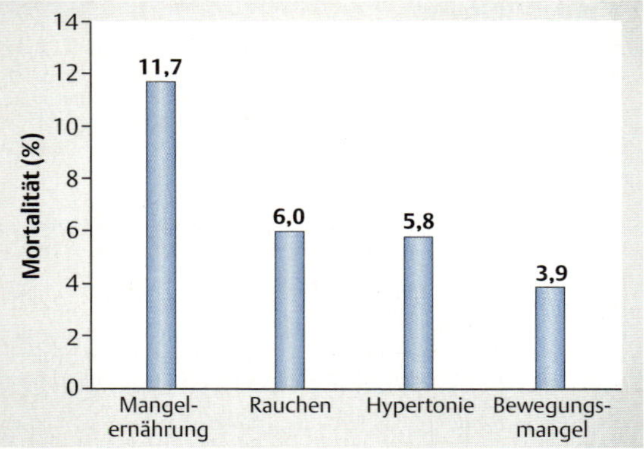

Abb. 1.1 Mortalitätsraten der wichtigsten Risikofaktoren weltweit nach WHO (nach Michaud)

1.2 Bekanntheit der Erkrankung, Behandlungsstatus

- Völlig unzureichend ist nach wie vor der Bekanntheits- und Behandlungsstatus in Deutschland. Hier gilt die **„Regel der Viertel"**: Ca. ein Viertel der Hypertoniker ist nicht bekannt (29%), ca. ein Viertel ist bekannt, wird aber nicht behandelt (24%), etwa ein Viertel wird zwar behandelt, aber nicht kontrolliert (26%), und ca. ein Viertel wird behandelt und kontrolliert, d. h. diese Patienten weisen einen Blutdruck von unter 140/90 mmHg auf. (Früher galt allerdings noch ein behandelter Blutdruck < 160/95 mmHg als kontrolliert.)
- Von den bekannten und behandelten Hypertonikern in Deutschland sind nur ca. 23% im normotensiven Bereich (< 140/90 mmHg; Praxismessungen!). Zum Vergleich: In Nordamerika liegt der Anteil der kontrollierten Hypertoniker bei 27%. Die niedrigere Hypertonieprävalenz und die höhere Rate kontrollierter Hypertoniker in Nordamerika erklärt die deutlich niedrigere Schlaganfallmortalität im Vergleich zu Deutschland und anderen europäischen Ländern.

! ***Hinweis:*** Die Hypertonieprävalenz ist im Osten (neue Bundesländer) deutlich höher als im Westen.

1.3 Einfluss von Alter und Geschlecht

! ***Merke:*** Der systolische Blutdruck steigt mit zunehmendem Lebensalter kontinuierlich an (S. 8). Dementsprechend steigt auch die Hypertonieprävalenz kontinuierlich mit dem Alter an.

- Bis zur fünften Lebensdekade ist die Hypertonieprävalenz bei Frauen deutlich geringer als bei Männern. Ab der fünften Dekade holen die Frauen deutlich auf und erreichen in der Altersklasse > 65 Jahre die gleiche Hypertonieprävalenz wie die Männer.
- **Anstieg der Hypertonie-Inzidenz mit dem Alter:**
  - *Von der dritten bis fünften Lebensdekade:* Bei Männern Anstieg um das Dreifache, bei Frauen um das Achtfache ([alte] Daten der Framingham-Studie)!
  - *Risiko für normotensive 55- bis 65-Jährige* (Framingham Heart Study):
    - 90% für eine Hypertonie > 140/90 mmHg.
    - 70% (7 von 10!) für eine mittelschwere Hypertonie > 160/100 mmHg.
- Werden die beiden Zeiträume von 1952 bis 1975 und 1976 bis 1988 miteinander verglichen, so zeigt sich, dass das Risiko für Frauen unverändert blieb, für Männer jedoch deutlich zunahm. Es wird vermutet, dass insbesondere die deutliche Zunahme der Adipositasprävalenz bei den Männern (stärker als bei den Frauen) hierfür verantwortlich ist.

! ***Merke:*** Übergewicht (insbesondere in Verbindung mit Bewegungsmangel) ist der häufigste und wichtigste Manifestationsfaktor für die Hypertonie (S. 73).

1.4 Einfluss von Lebensstilfaktoren

- Die Wahrscheinlichkeit, eine Hypertonie zu entwickeln, ist individuell sehr abhängig davon, ob ab der vierten bis sechsten Dekade weitere den **Blutdruck steigernde Faktoren** hinzukommen:
  - Familiäre Hypertonie (S. 70).
  - Übergewicht (S. 73).
  - Bewegungsmangel (S. 73).
  - Erhöhte Kochsalzzufuhr und niedrige Kaliumzufuhr (S. 74).
  - Überhöhter Alkoholkonsum (S. 76).

! ***Merke:*** Einen optimalen Blutdruck zu bewahren und die Entwicklung einer Hypertonie zu verhindern, kann im mittleren bis fortgeschrittenen Lebensalter sehr effektiv durch einen entsprechenden Lebensstil gelingen. Dieser **präventive Ansatz** ist nach Aussage des großen Hypertonie-Epidemiologen Jeremy Stamler (Chicago) **einer später**

notwendigen Hypertoniebehandlung deutlich überlegen: *„Die Therapie kommt spät, sie ist defensiv, reaktiv, zeitraubend, mit Nebenwirkungen und Kosten behaftet, nur teilweise erfolgreich und ohne Ende.“*

- Die Bedeutung des Lebensstils unterstreicht auch die so genannte 7-Länder-Studie (Japan, USA, Europa), wonach ein identischer Ausgangsblutdruckwert (z. B. 140/85 mmHg) bei 40- bis 59-jährigen Männern mit einem sehr unterschiedlichen Risiko einer Koronaren Herzkrankheit für die nächsten 25 Jahre einhergeht: Ca. 70 Todesfälle pro 10000 Patientenjahre in USA und Nordeuropa (Finnland, Holland), aber nur ca. 20 Todesfälle pro 10000 Patientenjahre in Japan und Südeuropa. Der Unterschied ist sehr wahrscheinlich durch den unterschiedlichen Lebensstil, z. B. mit gesünderer Ernährung in Südeuropa und Japan bedingt. Das bedeutet auch, dass ein erhöhter Blutdruck in Deutschland (in diesem Fall gleichzusetzen mit Holland) strenger zu behandeln ist als z. B. in Italien oder auf Kreta.

2 Blutdruckklassifikation

2.1 Grundlagen

! ***Merke:*** Jede Blutdruckklassifikation ist letztlich willkürlich – aber trotzdem richtig und wichtig!

- Laut WHO und ISH (International Society of Hypertension) werden der optimale, der normale, der noch-normale Blutdruck und die verschiedenen Schweregrade der Hypertonie unterschieden (Tab. 2.1). Als manifeste Hypertonie gilt für alle Alterklassen ein Blutdruck von > 140 mmHg systolisch und/oder > 90 mmHg diastolisch, ermittelt bei mindestens zwei Gelegenheitsblutdruckmessungen (GBDM, S. 45) an zwei unterschiedlichen Tagen.

! ***Hinweis:*** Diese Definition bezieht sich streng genommen auf die Gelegenheitsblutdruckmessung durch den Arzt (GBDM, S. 44). Bei der ambulanten Langzeit-Blutdruckmessung (ABDM, S. 49) gilt bereits ein Tagesmittelwert von > 135/85 mmHg als manifest hyperton.

! ***Hinweis:*** Die primäre Hypertonie beginnt häufig mit einer isolierte diastolische Hypertonie (S. 65),wird in diesem Stadium allerdings nur selten erfasst.

- **Optimaler Blutdruck:** Geringstes Risiko für alle Altersklassen, da dieser Bereich mit dem niedrigsten Risiko für kardio- und zerebrovaskuläre Ereignisse und Niereninsuffizienz verknüpft ist.

Tabelle 2.1 Klassifikation der Hypertonie[1] nach der GBDM

Klassifikation	RR systolisch (mmHg)	RR diastolisch (mmHg)
optimal	< 120 *und*	< 80
normal	< 130 *und*	< 85
hoch normal	130–139 *und/oder*	85–89
leichte Hypertonie (Grad 1)	140–159 *und/oder*	90–99
Untergruppe Grenzwert-Hypertonie	140–149 *und/oder*	90–94
mittelschwere Hypertonie (Grad 2)	160–179 *und/oder*	100–109
schwere Hypertonie (Grad 3)	≥ 180 *und/oder*	≥ 110
isolierte systolische Hypertonie (ISH)	≥ 140 *und*	< 90
Untergruppe grenzwertige systolische Hypertonie	140–149 *und*	< 90

[1] Definition und Klassifikation von Blutdruckbereichen in Anlehnung an die Empfehlung der WHO und ISH von 1999, der Deutschen Hochdruckliga von 2001 und der ESH (European Society of Hypertension) von 2003

- **Normaler Blutdruck:** Wird bei Patienten mit erhöhtem Risikoprofil für kardio- und zerebrovaskuläre Erkrankungen angestrebt (z. B. Diabetiker, Patienten mit Niereninsuffizienz).
- **Noch normaler Blutdruck:** Bereits deutlich erhöhtes Risiko für alle Altersklassen. **!** ***Tipp:*** Bei Patienten mit noch-normalem Blutdruck sind regelmäßige Blutdruckkontrollen angezeigt.

! ***Hinweis:*** Die Kategorisierung in „optimal, normal, noch-normal und erhöhten" Blutdruck zeigt, dass es keine klaren Grenzen zwischen normalen und pathologischen Blutdruckwerten gibt (s. o.)!

- **Manifeste Hypertonie:**
  - *Schweregrad 1:* Hypertonie ohne Endorganschäden.
  - *Schweregrad 2:* Hypertonie mit Endorganschaden:
    - *Herz:* Linksventrikuläre Hypertrophie (S. 119).
    - *Niere:* Hypertensive Nephropathie (Kreatininerhöhung und Proteinurie) (S. 120).
    - *Auge:* Fundus hypertonicus Grad I und II (S. 121).
    - *Gefäße:* Arteriosklerose der großen Gefäßen (z. B. A. carotis, A. femoralis) (S. 117).

- *Schweregrad 3:* Hypertonie mit Folgeerkrankungen:
  - *Herz:* Linksherzinsuffizienz, Angina pectoris, Myokardinfarkt (S. 118).
  - *Niere:* Niereninsuffizienz (S. 113).
  - *Auge:* Fundus hypertonicus Grad III und IV (Retinablutungen und/oder Exsudate) (S. 121).
  - *Gefäße:* pAVK, Aortendissektion, Aortenaneurysma (S. 118).
  - *ZNS:* TIA, ischämischer Hirninfarkt, Hirnblutung (S. 121).

2.2 Blutdruckklassen und ihr Risikoprofil für kardio- und zerebrovaskuläre Folgeerkrankungen

! ***Hinweis:*** Die verschiedenen „Blutdruckklassen" gehen mit einem unterschiedlichen Risiko für kardio- und zerebrovaskuläre Ereignisse einher, welches in der Therapiestrategie (S. 125) berücksichtigt werden muss. Insbesondere die seit einigen Jahren eingeführten Definitionen des optimalen und des noch-normalen Blutdrucks haben gezeigt, dass ein Blutdruck von < 140/90 mmHg für viele Patienten bereits zu hoch zu sein kann und präventive und interventionelle Maßnahmen angezeigt sind.

▶ Zahlreiche epidemiologische Studien haben gezeigt, dass der systolische und diastolische Blutdruck ein kontinuierlicher und mit der Blutdruckhöhe exponentiell ansteigender **Risikofaktor für kardio- und zerebrovaskuläre Morbidität und Mortalität darstellt.**

! ***Dabei gilt:*** Je höher der Blutdruck, umso höher das Risiko und umso schlechter die Prognose!

▶ Zur Vorhersagekraft des arteriellen Mitteldrucks des systolischen bzw. diastolischen Blutdrucks und des Pulsdrucks für den tödlichen Herzinfarkt und Schlaganfall: Siehe Tab. 2.2.

! ***Wichtig:*** Bereits Blutdruckwerte im normotensiven Bereich müssen als Risikofaktor für kardio- und zerebrovaskuläre Komplikationen gewertet werden, da das Risiko kontinuierlich fast linear ab 115 mmHg systolisch und 75 mmHg diastolisch, also aus dem sog. „normalen Bereich" beginnend ansteigt (Abb. 2.1).

▶ Auch eine aktuelle Analyse der Framingham-Daten zeigt, dass die Patienten mit noch-normalen Blutdruckwerten im Vergleich zu Probanden mit optimalen und normalen Blutdruckwerten eine deutlich erhöhte 10-Jahres-Mortalität aufgrund kardiovaskulärer Ereignisse haben (Frauen 2,5-fach höheres, Männer 1,6-fach höheres Risiko). Die Patienten mit noch-normalen Blutdruckwerten waren etwas älter, hatten ein höheres Gewicht, höhere Cholesterinwerte, häufiger Ge-

Tabelle 2.2 Vorhersagekraft für Koronartod und Schlaganfall

Risikofaktor	**tödlicher Herzinfarkt (%)**	**Schlaganfall (%)**
arterieller MD ($^1/_3$ syst. + $^2/_3$ diast.)	97	100
systolischer BD	93	89
diastolischer BD	73	83
Pulsdruck[1]	43	37

MD: Mitteldruck/BD: Blutdruck

[1]Die schlechte Vorhersagekraft ist ein Hinweis dafür, dass es sich um einen Surrogatparameter handelt, der zwar ein erhöhtes Risiko (insb. als Risikoindikator für die isolierte systolische Hypertonie im Alter) anzeigt, aber wohl kein eigenständiger Risikofaktor ist (**!** ***Hinweis:*** Risikoindikatoren tragen im Gegensatz zu Risikofaktoren nicht unmittelbar zur Pathogenese einer Erkrankung bei) (nach Domanski)

fäßschäden (z. B. verdickte Intima/Media der Karotis) und zeigten bereits Zeichen einer diastolischen Funktionsstörung.

! ***Fazit:*** Es ist daher willkürlich und vielleicht ein wenig unsinnig, einen normalen Blutdruck zu definieren! Es gibt keinen eindeutigen Schwellenwert, bei dem das Risiko für kardio- und zerebrovaskuläre Ereignisse beginnt!

▶ Allerdings bedeutet eine Risikoerhöhung z. B. bei noch-normalem Blutdruck nicht automatisch im Umkehrschluss auch eine Risikoreduktion durch eine Therapie. Hierzu liegen bislang keine Interventionsstudien vor.

! ***Beachte:*** Unbedingt behandelt werden sollten Patienten, bei denen bekannt ist, dass durch eine besonders strenge Blutdruckeinstellung ihr erhöhtes Risiko für kardio- und zerebrovaskuläre Ereignisse auch bei noch-normalem Blutdruck gesenkt werden kann (z. B. Diabetiker, Nierenkranke, Schwangere). In diesem Zusammenhang zeigte die HOT-Studie, dass es sich insbesondere bei hypertensiven Diabetikern lohnt, den diastolischen Blutdruck nicht nur auf 90 mmHg zu senken, sondern weiter auf 82 mmHg.

▶ Wird bei einem Patienten ein noch normaler Blutdruck festgestellt, ist folgendes Vorgehen indiziert:
- Auf weitere Risikofaktoren für kardio- und zerebrovaskuläre Ereignisse (z. B. Nikotinabusus, Dyslipoproteinämie [LDL ↑, HDL ↓], Diabetes mellitus) achten.
- Folgeerkrankungen am Herzen und an den Gefäßen (S. 117) abklären.

- Im Einzelfall über eine Therapie entscheiden (S. 125).
- Weitere Kontrollen (einmal jährlich) durchführen, um ein Fortschreiten der Hochdruckkrankheit zu erfassen.

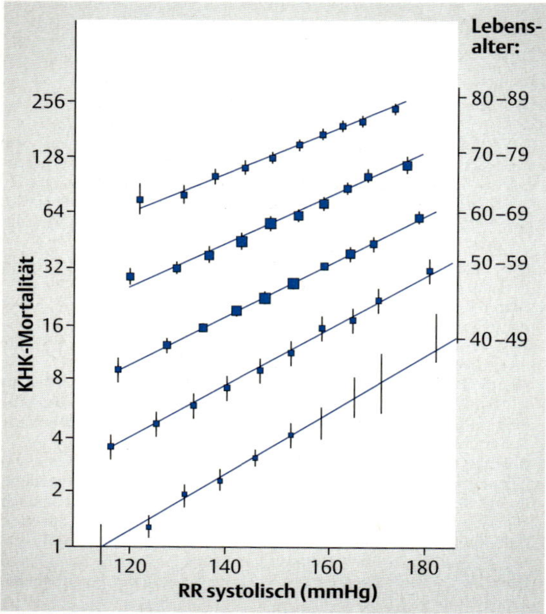

Abb. 2.1 Beziehung zwischen KHK-Mortalität und systolischem Blutdruck in verschiedenen Altersklassen (von 40–89 Jahren). (Die Daten basieren auf einer Metaanalyse aus 61 prospektiven epidemiologischen Studien an über 1 Million zunächst gesunder Personen) **!** *Hinweis:* Dieselbe Beziehung besteht zwischen weiteren kardio- und zerebrovaskulären Erkrankungen (z. B. Schlaganfall) mit dem systolischen Blutdruck und zwischen der KHK-Mortalität und dem diastolischen Blutdruck.

3 Blutdrucktypen

3.1 Dauerhafter Hochdruck versus temporärer Hochdruck

- Grundsätzlich muss zwischen den **dauerhaften** und den **temporären Blutdrucksteigerungen** unterschieden werden (Tab. 3.1)

! ***Hinweis:*** Die Messung eines erhöhten Blutdrucks in der Praxis oder Klinik bedeutet noch keinen zuverlässigen Nachweis dafür, dass tatsächlich eine **manifeste Hypertonie** vorliegt. Die so genannte **Praxishypertonie** betrifft immerhin ca. 25% der vermeintlichen Hypertoniker. Aber auch ein als normal klassifizierter Blutdruck in der Praxis garantiert nicht, dass keine typischen hypertensiven Organschäden vorliegen, die durch eine Hypertonie außerhalb der Praxis verursacht sind (= **Praxisnormotonie**). Letzte Sicherheit bringt in unklaren Situationen nur die ambulante Blutdruck-Langzeitmessung (ABDM) unter Alltagsbedingungen, die zu einer neuen Charakterisierung und zur sicheren Klassifikation verschiedener „Blutdrucktypen“ geführt hat.

! ***Merke:*** Die ABDM ist heute der „Goldstandard“ zur Erfassung einer Hypertonie. Zu Details hierzu s. S. 49.

- Bei Kombination der ABDM mit der Gelegenheitsblutdruckmessung (GBDM, S. 44) in der Praxis bzw. Klinik in einer zufälligen Stichprobe, ergeben sich prinzipiell 4 verschiedene Möglichkeiten (Abb. 3.1):
  - Wird in der GBDM ein normaler Blutdruck (< 140/90 mmHg) gemessen und liegen die Werte für die ABDM im Normbereich (Tagesmittelwert < 135/85 mmHg), liegt mit Sicherheit keine Hypertonie vor (= *Normotonie*).
  - Sind die Blutdruckwerte in beiden Messverfahren erhöht (GBDM > 140/90 mmHg, ABDM > 135/85 mmHg), liegt eine *manifeste Hypertonie* (S. 10) vor.
  - Sind die Blutdruckwerte bei der GBDM in der Praxis bzw. Klinik erhöht (> 140/90 mmHg), aber in der ABDM normal (Tagesmittel-

Tabelle 3.1 Dauerhafte versus temporäre Hypertonietypen

dauerhafte Hypertonie	temporäre Hypertonie
· manifeste Hypertonie (S. 10) · Isolierte systolische Hypertonie (ISH, S. 11) · Isolierte diastolische Hypertonie (IDH, S. 16)	· Praxishypertonie (S. 19) · Praxisnormotonie (S. 23) · Belastungshypertonie (S. 27, 60) · weitere (S. 29)

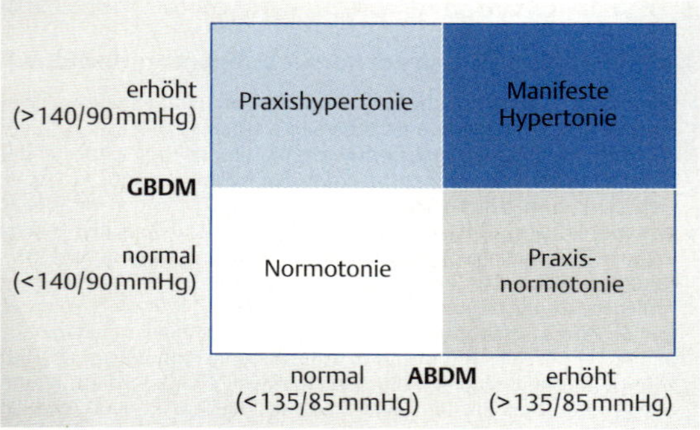

Abb. 3.1 Blutdrucktypen nach Gelegenheits- und Langzeitblutdruckmessung

wert < 135/85 mmHg), handelt es sich um eine „*Praxishypertonie*" (S. 19).

- Sind die Blutdruckwerte bei der GBDM in der Praxis bzw. Klinik normal (< 140/90 mmHg), aber in der ABDM erhöht (Tagesmittelwert > 135/85 mmHg), spricht man von einer „*Praxisnormotonie*" (S. 23).

Manifeste Hypertonie

▶ **Definition:** Als manifeste Hypertonie wird ein Blutdruck mit Werten von > 140 mmHg systolisch *und/oder* > 90 mmHg diastolisch bezeichnet. Abhängig von der Höhe des Blutdrucks erfolgt eine Einteilung in verschiedene Schweregrade (S. 5).

! ***Hinweis:*** Die isolierte systolische Hypertonie (ISH) ist ein eigenständiger Hochdrucktyp und wird daher gesondert besprochen (S. 11).

▶ **Diagnostik:**
- Eine manifeste Hypertonie liegt wahrscheinlich vor, wenn in der Klinik oder Praxis wiederholt (mindestens zweimal) zu verschiedenen Zeitpunkten eindeutig erhöhte Blutdruckwerte (s. o.) in der GBDM (S. 44) gemessen wurden.
- Sind zusätzlich die vom Patienten selbst gemessenen Werte erhöht (*Normwerte für die Selbstmessung:* < 135/85 mmHg), steigt die

Wahrscheinlichkeit einer manifesten Hypertonie. Dies gilt v.a. dann, wenn bereits typische hypertensive Organschäden (S. 32) vorliegen und/oder der Blutdruck unter Belastung erhöht ist.

! ***Hinweis:*** Die Gelegenheitsblutdruckmessung (GBDM, S. 44) ist häufig nicht repräsentativ für das Blutdruckverhalten unter Alltagsbedingungen und führt daher häufig zu einer Über- oder Unterschätzung des wahren Blutdruckniveaus. Letzte Sicherheit bringt nur die ABDM (S. 49). Mit ihr kann innerhalb eines Tages eindeutig geklärt werden, ob eine manifeste Hypertonie vorliegt.

- **Folgeerkrankungen und Komplikationen der manifesten Hypertonie:** Siehe Kapitel „Komplikationen und Folgeerkrankungen", S. 108.

Isolierte systolische Hypertonie (ISH)

- **Definition:** Als isolierte systolische Hypertonie (ISH) wird ein Blutdruck von *systolisch > 140 mmHg* und *diastolisch < 90 mmHg* bezeichnet (S. 5).
- Die ISH ist die klassische Form der Hypertonie bei älteren Patienten und bei Typ-2-Diabetikern (**!** ***Hinweis:*** Bei älteren Typ-2-Diabetiker (> 55 Jahre) findet man in > 50% eine Hypertonie, die typischerweise überwiegend systolisch ausgeprägt ist). Die ISH entwickelt sich nicht zwangsläufig aus den früheren Hypertonieformen, sondern betrifft ein eigenes Patientenkollektiv (→ ältere Patienten) mit einem anderen Pathomechanismus der Hypertonieentstehung. Der systolische Blutdruck kann bis > 180 mmHg ansteigen (= schwere Hypertonie, Grad 3), der diastolische Blutdruck bleibt aber definitionsgemäß immer < 90 mmHg. Typisch für die ISH ist daher der **große Pulsdruck** (= Blutdruckamplitude = Differenz zwischen systolischem und diastolischem Wert)!

! ***Merke:*** Die ISH ist eine eigenständige Hypertonieform im höheren Alter, und nicht das späte Stadium einer früheren diastolischen Hypertonie.

- **Epidemiologie:** Der systolische Blutdruck steigt kontinuierlich mit zunehmendem Lebensalter an. Daher ist die Prävalenz des ISH im höheren Lebensalter deutlich höher als in jüngeren Jahren (Abb. 3.4). 65% der Patienten mit ISH sind Frauen.

! ***Merke:*** Die ISH ist die häufigste Hypertonieform im höheren Lebensalter. In einem Alter von > 65 Jahren findet sich bei jedem zweiten eine ISH!

- **Diagnostik:** Für das Screening reicht die GBDM (S. 44), eine genauere Blutdruckerfassung gelingt mit der ABDM (S. 49).

- **Weitere typische Befunde bei älteren (> 70 Jahre) Patienten mit ISH im Vergleich zu jüngeren Hypertonikern:**
  - Signifikant erniedrigte Herzfrequenz am Tag (75/min). **!** ***Beachte:*** Jüngere Patienten haben eine durchschnittliche Herzfrequenz von 82–85/min am Tag.
  - Die nächtliche Blutdrucksenkung ist mit 7% (systolisch) bzw. 12% (diastolisch) signifikant geringer als bei jüngeren Patienten (10–13% systolisch bzw. 16–17% diastolisch).
  - Die nächtliche Absenkung der Herzfrequenz ist bei den älteren Hypertonikern im Vergleich zu den jüngeren Patienten signifikant vermindert.
  - Erniedrigtes Herzminutenvolumen im Vergleich zu jüngeren Patienten.
  - Der Pulsdruck ist in den Altersgruppen bis 60 Jahre am Tag höher als in der Nacht. Bei den > 70-jährigen Patienten ist der Pulsdruck hingegen in der Nacht höher.
- **Pathophysiologie:** Die systolische Blutdruckerhöhung entsteht überwiegend als Folge des Alterungsprozesses der Gefäße. Die Entwicklung einer Arteriosklerose führt zu Versteifung und nachlassender Windkesselfunktion der Gefäße. Normalerweise wird die Pulswelle im elastischen Gefäß durch die Windkesselfunktion abgefedert und verlangsamt. Bei mangelnder Windkesselfunktion kommt es zur Beschleunigung der Pulswelle und zu einer Störung der elastischen Reflektion von der Arterienwand mit einer konsekutiven Erhöhung des Pulsdruckes (Abb. 3.2). Dementsprechend stellen sich die Pulsdruckkurven altersabhängig unterschiedlich dar (Abb. 3.3).

! ***Beachte:*** Es ist im Einzelfall nicht immer abzugrenzen, ob die ISH die Folge des Alterungsprozesses oder die Folge einer seit langem bestehenden Hypertonie mit sekundärem Gefäßschaden ist, da sich arterielle Steifigkeit und arterielle Hypertonie gegenseitig beeinflussen.

! ***Hinweis:*** Bei lange bestehendem Diabetes (Typ-2) ist die zunehmende Mediasklerose der führende pathophysiologische Faktor, der zu einem überproportionalen Anstieg des systolischen Blutdrucks führt.

- Die wichtigsten **pathophysiologischen Faktoren**, die zu einer ISH führen, sind:
  - Gestörte Endothelfunktion.
  - Verminderte Gefäßcompliance.
  - Renaler Funktionsverlust.
  - Gestörte Barorezeptorenfunktion.

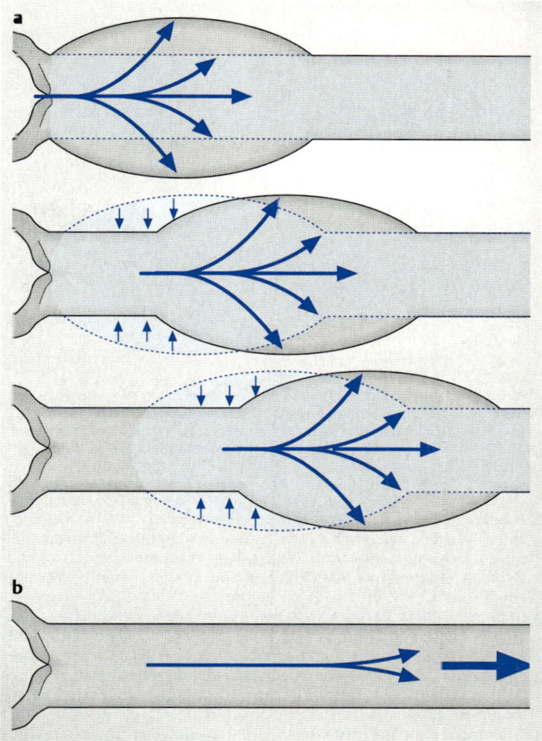

Abb. 3.2 a: Windkesselfunktion der Aorta, Ausbreitung und Reflektion der Pulswelle
b: Verlust der Windkesselfunktion im Alter

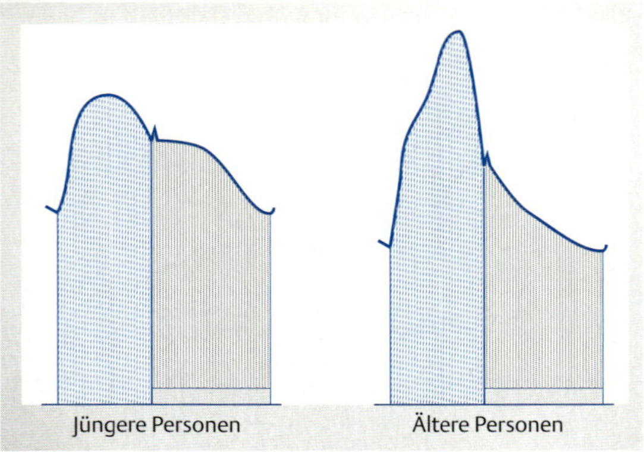

Abb. 3.3 Schematische Druckprofile der arteriellen Pulswelle bei einer jüngeren Person mit elastischem Gefäßsystem (hohe diastolische „Schulter") und bei einem älteren Patienten mit einem steifen Gefäßsystem (flache diastolische „Schulter" und Druckerhöhung durch die schnell reflektierte Welle → Erhöhung des systolischen Blutdrucks)

! ***Beachte:*** Selbstverständlich müssen immer auch andere Ursachen einer isolierten systolischen Hypertonie mit großer Blutdruckamplitude ausgeschlossen werden, z. B. eine Aorteninsuffizienz.

▶ **Organschäden durch die ISH:** **!** ***Merke:*** Wird bei einem Patienten eine ISH mit großem Pulsdruck gemessen, liegt bei ihm bereits ein schwerer Gefäßschaden vor, da bereits ein langer, die Gefäße schädigender Prozess vorausgegangen ist! Neben den Schäden an den großen Gefäßen sind i. d. R. auch bereits mikrovaskuläre Veränderungen eingetreten, die insbesondere die Nieren betreffen. Daher ist die Prognose der ISH im Vergleich zum „normalen kombinierten Hypertonus" im höheren Lebensalter deutlich schlechter.

- *Koronartod* (S. 118): Das relative Risiko für einen tödlichen Herzinfarkt steigt ausgehend von einem optimalen Blutdruck von < 120 mmHg pro 10 mmHg systolische Blutdruckerhöhung um 28%!
- *Herzinsuffizienz* (S. 141): In den letzten Jahren hat sich gezeigt, dass die Hypertonie ein sehr wichtiger und häufiger Risikofaktor für die

Entwicklung einer Herzinsuffizienz ist. Die Bedeutung ist offenbar sehr viel größer als für die Entwicklung einer KHK.

- *Schlaganfall:* Das Schlaganfallrisiko (ischämischer Herininfarkt und Hirnblutung) vervierfacht sich z. B. bei Männern zwischen 50 und 79 Jahren im Vergleich zur Normtonie, wenn der Blutdruck den Bereich von 160–180 mmHg (= Moderate bis schwere Hypertonie, Grad 2–3) erreicht (21 versus 5,3 Ereignisse in 2 Jahren!). Das Risiko geht dabei ausschließlich zu Lasten des systolischen Blutdrucks und ist weitgehend unabhängig vom diastolischen Blutdruck. **! Hinweis:** Überschreitet der Pulsdruck 65 mmHg, steigt das Risiko für einen Schlaganfall noch weiter an!

▶ **Therapie:**

- Das erhöhte Risiko für kardio- und zerebrovaskuläre Ereignisse kann bis ins hohe Lebensalter (> 80 Jahre) durch eine antihypertensive Therapie sehr erfolgreich verhindert werden. Die absolute Risikoreduktion durch eine blutdrucksenkende Therapie ist im höheren Alter sogar größer als bei jüngeren Hypertonikern. Interventionsstudien zeigen eine Reduktion der zerebrovaskulären Ereignisse um 40%, der Herzinsuffizienz um 50% und des Herzinfarkts um 33%. *Dabei gilt:* Je höher der Druck und je höher das Risiko, desto größer der Gewinn durch eine antihypertensive Therapie (dies gilt insbesondere für ältere Diabetiker!).

! **Hinweis:** Es gibt erste Hinweise, dass die Entwicklung einer vaskulären Demenz im Alter durch eine antihypertensive Therapie verhindert bzw. verzögert werden kann.

- Eingesetzt werden *Betablocker* (S. 149), *Diuretika* (S. 153), *Kalziumantagonisten* (S. 157), *ACE-Hemmer* (S. 145). Ergänzt wird die medikamentöse Therapie durch nichtmedikamentöse Maßnahmen zur Blutdrucksenkung (S. 168).

▶ **Therapieziel:** Das Therapieziel liegt für ältere Patienten (> 65 Jahre) und Patienten mit ISH bei einem **systolischen Wert von < 140 mmHg**. Der Weg zum Erreichen dieses Therapieziels ist abhängig vom Ausgangsblutdruckwert, der individuellen Situation und des Gesamtrisikos: Bei einem konstanten Ausgangsblutdruckwert von > 180 mmHg systolisch ist eine schnelle Drucksenkung auf < 140 mmHg nicht sinnvoll und kann Komplikationen verursachen: Bei zu schneller und starker Drucksenkung kann es aufgrund der häufig gleichzeitig vorliegenden gestörten Barorezeptorfunktion zu einer Störung der zerebralen Durchblutung, zu orthostatischem Schwindel bis hin zum Kollaps und zur Synkope kommen.

! ***Tipp:*** Bei Hinweisen auf eine orthostatische Dysfunktion sollte daher auch stets der Blutdruck im Stehen kontrolliert werden!) Bei diesen Patienten ist eine konstante Senkung des Blutdrucks um 20 mmHg sicher schon als therapeutischer Erfolg zu verzeichnen. Langfristig würde eine weitere Senkung den Nutzen allerdings weiter erhöhen!

! ***Merke:*** Jede Blutdrucksenkung im höheren Alter muss besonders schonend durchgeführt werden!

▶ **Fazit für die Praxis:** Die Veränderungen der Alterspyramide haben zu einer deutlichen Zunahme älterer Hypertoniker geführt. Die isolierte systolische Hypertonie ist aber keine harmlose Alterserscheinung, da sie mit einem erhöhten Risiko für kardio- und zerebrovaskuläre Ereignisse verbunden ist. Mehrere Therapiestudien haben den Nutzen einer antihypertensiven Therapie auch bei ISH bis ins hohe Alter (80 Jahre) belegt. Dabei muss unbedingt darauf geachtet werden, dass die Blutdrucksenkung sehr vorsichtig und langsam erfolgt (*cave:* Zerebrale Durchblutungsstörungen, orthostatische Dysfunktion)!

Isolierte diastolische Hypertonie (IDH)

▶ **Definition:** Von einer isolierten diastolische Hypertonie spricht man bei einer Erhöhung des *diastolischen Blutdruckwertes* (≥ 90 mmHg) bei *normalem systolischen Blutdruckwert* (< 140 mmHg). Der Pulsdruck (= Blutdruckamplitude = Differenz zwischen systolischem und diastolischem Wert) ist dementsprechend erniedrigt.

▶ **Epidemiologie:** Auch der diastolische Blutdruck steigt mit zunehmendem Lebensalter kontinuierlich an. Dies gilt allerdings nur bis zum 5. Lebensjahrzehnt. Ab dem 6. Lebensjahrzehnt sinkt der diastolische Blutdruck wieder ab (Abb. 3.4), sodass eine isolierte diastolische Hypertonie bei Patienten jüngeren bis mittleren Alters vorkommt. 35% der Patienten mit IDH sind Frauen. ! ***Hinweis:*** Im weiteren Verlauf kommt es zu einem disproportionalen altersabhängigen Anstieg des systolischen Blutdrucks (S. 17).

! ***Beachte:*** Die primäre Hypertonie (S. 64) beginnt charakteristischerweise in der 4. bis 5. Lebensdekade mit einer isolierten diastolischen Hypertonie. Da dieser Beginn jedoch meistens unbemerkt verläuft und die Diagnose der Hypertonie meist erst Monate bis Jahre später gestellt wird, wird auch eine isolierte diastolische Hypertonie häufig nicht erfasst. Im weiteren Verlauf kommt es häufig zur kombinierten diastolischen und systolischen Hypertonie.

▶ **Diagnostik:** Für das Screening reicht die GBDM (S. 44), eine genauere Blutdruckerfassung gelingt mit der ABDM (S. 49).

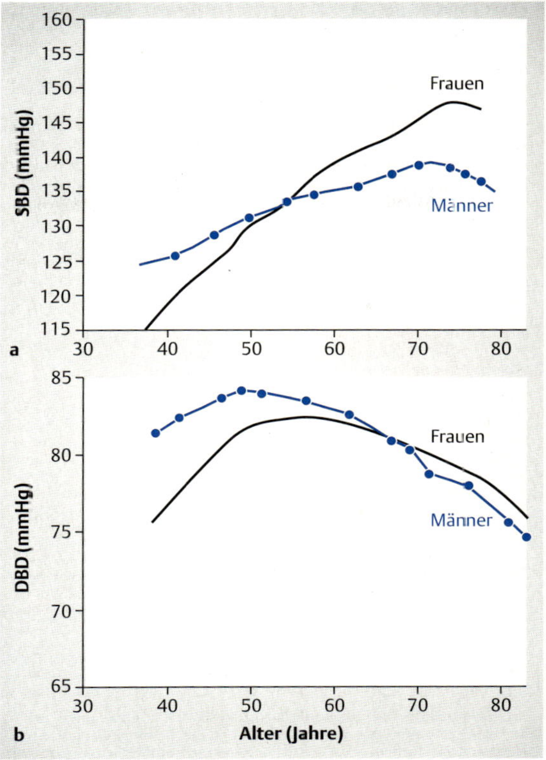

Abb. 3.4 Altersabhängiger Verlauf des systolischen Blutdrucks (SBD) und des diastolischen Blutdrucks (DBD) bei (a) Frauen und (b) Männern

- **Pathophysiologie:** Die Ursache der isolierten diastolischen Hypertonie liegt in einer Erhöhung des peripheren Widerstandes in den kleinen Widerstandsgefäßen.

! ***Beachte:*** Bei einer schweren diastolischen Hypertonie muss immer auch an eine **sekundäre** Hypertonieform (S. 81) gedacht und die Diagnostik dementsprechend erweitert werden (S. 33).

- **Folgeerkrankungen (Organschäden) einer isolierten diastolischen Hypertonie:** Das Risiko für kardio- und zerebrovaskuläre Ereignisse ist bei der isolierten diastolischen Hypertonie deutlich geringer als bei der kombinierten oder der isolierten systolischen Hypertonie. Abb. 3.5 zeigt dieses Verhältnis am Beispiel des relativen Risikos für die Entwicklung eines Schlaganfalls.

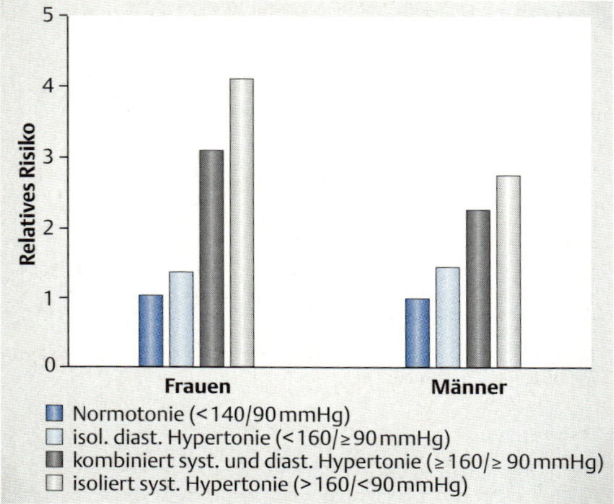

Abb. 3.5 Relatives Schlaganfallrisiko (adjustiert für Alter, Herzfrequenz, BMI, Diabetes, Cholesterin und Rauchen) bei Normotonie, isolierter diastolischer Hypertonie, systolischer und diastolischer Hypertonie und isolierter systolischer Hypertonie (einschränkend muss gesagt werden, dass sich die Studie noch auf die alten Blutdruckgrenzen von 160/90 mmHg bezieht. Man kann jedoch davon ausgehen, dass diese Beziehung auch für die heutigen Blutdruckgrenzen von 140/90 mmHg stimmt)

Tabelle 3.2 Unterschiede zwischen der isolierten diastolischen und isolierten systolischen Hypertonie

Blutdrucktyp	isolierte diastolische Hypertonie (IDH)	isolierte systolische Hypertonie (ISH)
Alter	jüngeres Alter	höheres Alter
Pathomechanismus	erhöhter peripherer Widerstand	gestörte Compliance/ Windkesselfunktion
betroffene Gefäße	kleinste Widerstandsgefäße	große Gefäße
sekundäre Hypertonieformen (S. 81)	müssen bei isolierter diastolischer Hypertonie als Ursache ausgeschlossen werden	spielen keine Rolle
Risikotyp[1]	Risikofaktor für kardio- und zerebrovaskuläre Ereignisse[2]	Risikofaktor für kardio- und zerebrovaskuläre Ereignisse[3] Risikoindikator (Pulsdruck)

[1]Risikofaktor: Tragen zur Pathogenese bei /Risikoindikator: Trägt nicht unmittelbar zur Pathogenese bei

[2]Das relative Risiko für kardio- und zerebrovaskuläre Ereignisse ist sehr viel geringer als bei der isolierten systolischen Hypertonie

[3]Das Risiko für kardio- und zerebrovaskuläre Ereignisse ist deutlich höher als bei kombinierter Hypertonie und sehr viel höher als bei der isolierten diastolischen Hypertonie

! ***Hinweis:*** Unterschiede zwischen isolierter diastolischer und isolierter systolischer Hypertonie: Siehe Tab. 3.2.

Praxishypertonie

▸ **Definition:** Als Praxishypertonie wird eine isolierte Blutdrucksteigerung in der Gelegenheitsblutdruckmessung (S. 44) von > 140/90 mmHg in der Praxis oder Klinik bei normalen Blutdruckwerten außerhalb der Praxis oder Klinik bezeichnet, z. B. bei der Selbstmessung bzw. über 24 Stunden in der ambulanten Blutdrucklangzeitmessung.

! ***Hinweis:*** Bei der Praxismessung werden die höchsten Werte vom Arzt gemessen. Die von der Arzthelferin bzw. Schwester gemessenen Blutdruckwerte liegen deutlich darunter, sind aber immer noch höher als die vom Patienten selbst ermittelten Werte. Die Praxishypertonie ist allerdings nicht an den weißen Kittel gekoppelt, sondern an die Situation in der Praxis bzw. in der Klinik. Daher sollte nicht von der sog. „Weißkittelhypertonie“ (white coat hypertension), sondern von der Praxishypertonie (office hypertension) gesprochen werden.

! ***Hinweis zur Geschichte der Praxishypertonie:*** Das Phänomen der Praxishypertonie ist schon lange bekannt und wurde bereits – bezogen auf die Pulsbeschleunigung in Anwesenheit des Arztes – vor 300 Jahren beschrieben. Joachim Targiri schrieb 1698: „Vor allen Dingen muss man kundig sein, den Puls der Arterie zu untersuchen, dessen Bewegung mannigfach beschleunigt, vermindert und zutiefst durch innere Ursachen und äußere Umstände gestört werden kann. Dabei sind der Anblick und das Eintreten des Arztes nicht von allzu geringer Bedeutung, ... weil er in der Tat im Puls viel Bewegung auslösen kann.“

- **Epidemiologie:**
  - *Häufigkeit:* Die Häufigkeit der Praxishypertonie wird in internationalen Studien mit 12–34% angegeben (abhängig von der Definition der Normwerte für die ABDM). Ausgehend von einer durchschnittlichen Häufigkeit von ca. 25%, sind in Deutschland mehrere Millionen Personen betroffenen. Damit hat sie die größte epidemiologische (und klinische) Bedeutung unter den verschiedenen temporären Blutdrucktypen.

  ! ***Beachte:*** Falsch hohe Blutdruckwerte während der Messung in Klinik oder Praxis treten auch bei bereits behandelten Hypertonikern (ca. 17%) auf: Die Identifikation dieser Patienten kann eine Überbehandlung verhindern!
  - *Alter:* Die Praxishypertonie kommt in allen Altergruppen vor. Besonders häufig ist sie bei Kindern zwischen 5 und 15 Jahren (44%) und bei älteren Patienten (bei älteren Patienten mit isolierter systolischer Hypertonie wird sie in ca. 40% festgestellt).
  - *Geschlecht:* Im mittleren Erwachsenenalter sind häufiger Frauen betroffen.
- **Diagnostik:** Die objektivste und sicherste Methode zum Ausschluss einer Praxishypertonie ist die ABDM (S. 49).

! ***Beachte:*** Durch die GBDM (S. 44) kann nicht immer zwischen einem vorübergehend situationsbedingt erhöhtem Blutdruck und einer manifester Hypertonie unterschieden werden. **Konsequenz:** Die Diagnose einer Hypertonie sollte sich nicht länger auf nur einige wenige Blutdruckmessungen stützen!

- **Ursachen der Praxishypertonie:** Unter körperlichen bzw. psychisch-emotionalen Belastungen kommt es teilweise zu starken Blutdruckanstiegen. Daher werden für die Blutdruckmessung zahlreiche Basisbedingungen gefordert (*physische und psychische Ruhe des Untersuchten, geeignete Umgebung, entsprechendes Verhalten des Untersuchers*), die nicht immer eingehalten werden. Folgende messmethodischen Ursachen werden für eine Praxishypertonie diskutiert:
  - *Fehler bei der konventionellen Blutdruckmessung* (GBDM, S. 45), z. B. Fehlmessungen, Endzifferpräferenz, Untersuchervorurteil.
  - *Fehler durch unzureichende Beachtung der Standardbedingungen*, z. B. falsche Manschettenlage, Bestimmung des diastolischen Blutdrucks in der Phase IV statt Phase V des Korotkoff-Geräusches.
  - *Fehler durch „systematische Fehleinschätzung" des wahren Blutdruckniveaus durch die GBDM in der Praxis* (s. o.).

    ! *Hinweis:* Dies ist wahrscheinlich der bedeutsamste Faktor im Hinblick auf die Praxishypertonie.
- Verschiedene psychologische Tests und die Reaktion auf mentale Stressoren (z. B. Rechnen unter Zeitdruck) zeigen kein unterschiedliches Verhalten zwischen Patienten mit Praxishypertonie und manifester Hypertonie bzw. normotensiven Personen.

  ! *Fazit:* Psychologische Faktoren spielen demnach keine Rolle in der Pathogenese der Praxishypertonie.
- **Pathophysiologie der Praxishypertonie:** Ursache der starken Blutdruckanstiege während des Praxis- bzw. Kliniksbesuches ist eine **erhöhte Sympathikusaktivität**:
  - Bei Patienten mit Praxishypertonie ist die *Noradrenalinausscheidung am Tage signifikant höher* als bei normotensiven Kontrollen (→ Hinweis auf gesteigerte Sympathikusaktivität am Tage!).
  - Im Gegensatz zu Patienten mit manifester Hypertonie ist bei Patienten mit Praxishypertonie die *Ausscheidung von Dopamin deutlich erhöht*. Dabei liegt ihre Dopaminausscheidung aber unter derjenigen von Normotonikern. Bei manifester Hypertonie ist die Dopaminsynthese – und exkretion in Relation zur aufgenommenen Kochsalzmenge im Vergleich zu normotensiven Personen gegenregulativ vermindert. Da Dopamin natriuretisch und vasodilatatorisch wirkt, könnte eine erhöhte Dopaminausscheidung bei Praxishypertonikern als Ausdruck einer Stimulation des renalen dopaminergen Systems im Sinne einer Gegenregulation im frühen (prähypertensiven) Stadium interpretiert werden. In der Tat werden eine abnorme Natriumelimination und Natrium-Lithium-Gegentransport-Aktivität bei Patienten mit Praxishypertonie beschrieben.

! ***Hinweis:*** Patienten mit Praxishypertonikern haben häufiger eine positive Familienanamnese für Hypertonie!

▶ **Folgeerkrankungen (Organschäden) der Praxishypertonie:**
- Gestörte diastolische Funktion des linken Ventrikels (S. 118).
- Konzentrische Herzmuskelhypertrophie (S. 118).
- Signifikant vergrößerter Durchmesser der A. carotis und signifikant verdickte Intima/Media-Dicke und verminderte Gefäßcompliance (= „Distensibilität“ bzw. „Steifheitsindex“) als Ausdruck der beginnenden Arteriosklerose (S. 118).

▶ **Therapie:**
- Patienten mit Praxishypertonie müssen erkannt (s. Diagnostik, S. 81), kontrolliert und beraten werden.
- In allen Fällen von Praxishypertonie sind nichtmedikamentöse Allgemeinmaßnahmen indiziert (S. 168).
- Praxishypertoniker werden nur in Ausnahmefällen antihypertensiv medikamentös therapiert, z. B. wenn typische hypertensive Organschäden (z. B. Linksherzhypertrophie, Karotissklerose), weitere Risikofaktoren (S. 141) für kardio- und zerebrovaskuläre Ereignisse oder Begleiterkrankungen wie Diabetes mellitus, KHK oder Niereninsuffizienz vorliegen.

! ***Hinweis:***
- Während Dihydropyridine (S. 157–158) und Alphablocker (S. 160) keinen Einfluss auf die ABDM, wohl aber auf den Praxisblutdruck zu haben scheinen, zeigten ACE-Hemmer (S. 145) auch einen signifikanten Einfluss auf die ABDM.
- 75% der Praxishypertoniker stammen aus dem Kollektiv der „leichten Hypertonie“ (S. 5). Daher ist es wichtig, mithilfe der ABDM und Blutdruckselbstmessung konsequent zwischen Patienten mit Praxishypertonie und manifester leichter Hypertonie zu unterscheiden, da nur die Patienten mit leichter Hypertonie einer medikamentösen Behandlung zugeführt werden sollten (Ausnahmen bei Praxishypertonikern, s. o.).

! ***Merke:*** Die Identifizierung von Patienten mit Praxishypertonie ist wichtig für die Therapieentscheidung bei der leichten Hypertonie!

▶ **Prognose:** Eine retrospektive Längsschnittuntersuchung zur Prognose der Praxishypertonie konnte kein erhöhtes kardiovaskuläres Risiko zeigen. Eine Praxishypertonie kann allerdings als Vorläufer für eine manifeste Hypertonie bezeichnet werden: Über 50% (bis 75%) der Praxishypertoniker entwickeln im Verlauf der nächsten Monate bis Jahre eine manifeste Hypertonie (! ***Hinweis:*** Das bedeutet, dass mit der Manifestation langfristig natürlich doch ein erhöhtes kardiovaskuläres Risiko verbunden ist, hierzu fehlen allerdings prospektive

Untersuchungen). Prinzipiell kann sich die Praxishypertonie in 3 Richtungen entwickeln:

- 25 % der Patienten bleiben Hypertoniker (→ diese Patienten bleiben auf die Praxissituation konditioniert).
- Bei ca. 25 % der Patienten normalisiert sich der Blutdruck.
- Bei > 50 % der Patienten entwickelt sich eine manifeste Hypertonie.

▶ **Fazit für die Praxis:** Die Praxishypertonie ist ein sehr häufiger und wichtiger „Vorläufiger" einer manifesten Hypertonie (bis zu 75 %). Das diagnostische Vorgehen der Wahl ist die ABDM. In allen Fällen von Praxishypertonie sind nichtmedikamentöse Allgemeinmaßnahmen und weitere Blutdruckkontrollen indiziert (Präventivmedizin!), Praxishypertoniker mit hypertensiven Organschäden, weiteren Risikofaktoren oder Begleiterkrankungen wie z. B. Diabetes mellitus sollten medikamentös mit Antihypertensiva behandelt werden. Das in Abb. 3.6 gezeigt Schema soll als „Entscheidungsbaum" dienen.

! ***Hinweis:*** Zukünftige prospektive Studien müssen den Einfluss einer (präventiven) medikamentösen Therapie auf die Entwicklung einer manifesten Hypertonie untersuchen.

Praxisnormotonie

▶ **Definition:** Die Praxisnormotonie (PN) bezeichnet einen normalen Blutdruck bei der GBDM in der Praxis (< 140/90 mmHg), aber erhöhte Blutdruckwerte in der ABDM (> 135/85 mmHg) im Alltag bzw. während der Arbeit.

! ***Hinweis:*** Wird ein erhöhter Blutdruck im Rahmen einer ABDM am Arbeitsplatz gemessen, wird besser von „Hypertonie am Arbeitsplatz" gesprochen (→ die „Hypertonie am Arbeitsplatz ist eine sehr häufige Ursache der Praxisnormotonie, s. u.).

▶ **Epidemiologie:** Das Phänomen der Praxisnormotonie ist bislang noch nicht ausreichend epidemiologisch untersucht worden, da es nur wenige Untersuchungen gibt, die die ABDM und GBDM unter diesem Aspekt ausgewertet haben (Tab. 3.3). Untersuchungen in unterschiedlichen Kollektiven zeigen eine Häufigkeit der Praxisnormotonie von ca. 20 %.

▶ **Diagnostik:** Methode der Wahl ist die ambulante Blutdruck-Langzeitmessung. **Indikationen** für die ABDM bei Verdacht auf eine Praxisnormotonie sind:

- Erhöhte Blutdruckwerte im Betrieb oder bei der Selbstmessung und normotone Werte in der Praxis bzw. Klink.
- Normaler Blutdruck in der Praxis bzw. Klinik und Nachweis typischer hypertensiver Organschäden.

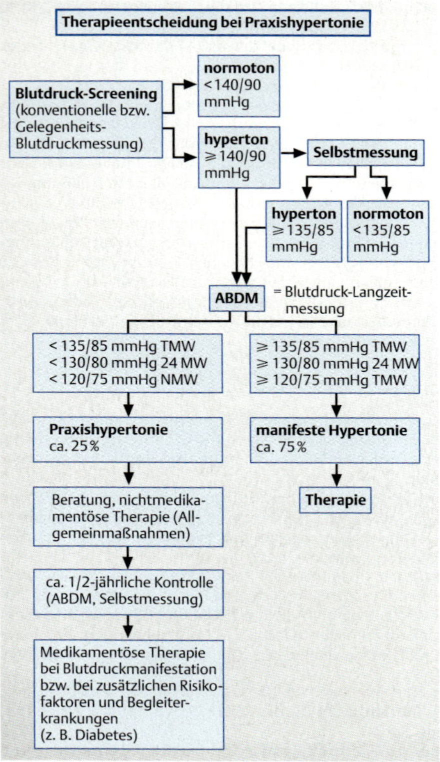

Abb. 3.6 Entscheidungsbaum in der Diagnose und Therapie der Praxishypertonie. TMW = Tagesmittelwert, 24 MW = 24 Std. Mittelwert, NMW = Nachtmittelwert.

Tabelle 3.3 Häufigkeit der Praxisnormotonie in verschiedenen Kollektiven

Kollektiv	Patientenzahl	Häufigkeit der PN (%)	Bemerkungen
Hypertoniker, unbehandelt	214	0	selektioniertes Kollektiv einer Spezialambulanz[1]
Angestellte am Arbeitsplatz	158	19	Arbeitnehmer mit hoher psycho-mentaler Belastung
Hypertoniker, behandelt	1.298	13	die Patienten mit PN sind untertherapiert!
gesunde Probanden (kanadische Studie)	319	23 (syst.) 24 (diast.)	Patienten mit PN sind vorwiegend ältere Männer, Exraucher, häufiger Alkoholkonsumenten
Angestellte am Arbeitsplatz (STARLET-Studie)	5.143	ca. 20	kalkuliert, da keine Praxismessung (GBDM) durchgeführt wurde[2]
Hypertoniker, unbehandelt (australische Studie)	713	21 (syst.) 45 (diast.)	ältere Hypertoniker der australischen nationalen Blutdruckstudie

[1]Patienten mit hohem Hypertonieverdacht → 0% nicht überraschend!

[2]In der STARLET-Studie wurde eine PN-Prävalenz von 55% mittels ABDM gemessen (Durchschnittsalter der Patienten 45 Jahre). Es liegen allerdings keine vergleichenden Praxismesssungen vor. Ausgehend von einer wahrscheinlichen Hypertonieprävalenz von ca. 30% in dieser Altersgruppe, beträgt die rechnerische Prävalenz der PN ca. 25% (55%–30%)

- Missverhältnis zwischen Blutdruckhöhe und Ausmaß der hypertensiven Organschäden.
- Unsicherheit und Zweifel über das tatsächliche Blutdruckniveau.

▶ **Ursachen der Praxisnormotonie:** Während in der Praxis bzw. Klinik die Blutdruckmessung unter Ruhebedingungen erfolgt, erfasst die ABDM auch Blutdruckwerte unter körperlicher, psychischer und mentaler Beanspruchung (→ Auslöser von Blutdruckanstiegen). Dies erklärt die Diskrepanz zwischen normalen Werten in der GBDM und erhöhten Werten in der ABDM.

! ***Hinweis „Hypertonie am Arbeitsplatz:*** Eine sehr häufige und unterschätzte Ursache für die Praxisnormotonie ist die Belastung am Arbeitsplatz (= *„job strain"*). Besonders betroffen sind Personen mit hoher psychomentaler Belastung, d.h. mit hoher Verantwortung und geringem Entscheidungsspielraum. **Merke:** Für diese Personen ist die Situation in der Praxis bzw. Klinik sehr wahrscheinlich viel entspannter als am Arbeitsplatz. Wie die STARLET-Studie zeigen konnte, ist der Blutdruck bei den betroffenen Patienten nicht nur während der Arbeitszeit, sondern über 24 Stunden erhöht. Dies bedeutet, dass diese Patienten bei einer 5-Tage-Woche praktisch 5 Tage lang 24 Stunden einen erhöhten Blutdruck aufweisen und nur am Wochenende normoton sind. Daher könnte man auch von „temporärer Normotonie" sprechen! Das Thema der Arbeitsplatz-assoziierten Hypertonie ist derzeit Gegenstand intensiver wissenschaftlicher Untersuchungen.

- **Pathophysiologie:** Untersuchungen zur Pathophysiologie der Praxisnormotonie stehen noch aus. Es ist allerdings nahe liegend, eine gesteigerte Sympathikusaktivität für den gesteigerten Blutdruck außerhalb der Praxis- bzw. Kliniksituation anzunehmen (s. Pathophysiologie Praxishypertonie, S. 19).
- **Folgeerkrankungen (Organschäden) der Praxisnormotonie:** Erste Untersuchungen an einem kleinen Kollektiv zeigen, dass die PN mit typischen hypertensiven Organschäden wie *linksventrikuläre Hypertophie, Arterienwandverdickung* und *Nierenschädigung* (z. B. Proteinurie) assoziiert ist (S. 119).

! ***Hinweis:*** Das Ausmaß der Schäden ähnelt dabei den Befunden von Patienten mit manifester Hypertonie.

- **Therapie:**
  - Patienten mit Praxisnormotonie sollten kontrolliert und hinsichtlich Allgemeinmaßnahmen zur Blutdrucksenkung (S. 168) beraten werden.
  - Nach derzeitigem Kenntnisstand sollte eine Praxisnormotonie medikamentös antihypertensiv behandelt werden, wenn in der ABDM ein eindeutig erhöhtes Blutdruckniveau nachgewiesen wird und hypertensive Organschäden (s. o.) vorhanden sind.
- **Prognose:** Bislang gibt es keine Longitudinalstudien, die über die Entwicklung und den weiteren Verlauf der Praxisnormotomie Auskunft geben.
- **Fazit für die Praxis:** Die Prävalenz der Praxisnormotonie liegt etwa bei 20% (!). Über die Einleitung einer antihypertensiven Therapie muss individuell aufgrund der Gesamtsituation entschieden werden. Ähnlich wie bei der Praxishypertonie sollten regelmäßige Kontrollen und die Beratung bezüglich Allgemeinmaßnahmen im Vordergrund ste-

hen. Praxisnormotoniker mit hypertensiven Organschäden sollten medikamentös antihypertensiv behandelt werden.

! ***Hinweis:*** Insgesamt sind die Untersuchungen zur Häufigkeit und Bedeutung der Praxisnormotonie bisher sehr spärlich, sodass weitere Studien zur Charakterisierung des „Praxisnormotonikers" und zum Verlauf der Praxisnormotonie dringend notwendig sind.

Belastungshypertonie

- **Definition:** Systolischer Blutdruckanstieg bei 100 Watt (im submaximalen Bereich) $\geq$ 200 mmHg.
- **Diagnostik:** Siehe Seite 31.
- **Belastungshypertonie als Risikofaktor:**
  - Personen mit einem erhöhten Belastungsdruck weisen nach vier Jahren ein vierfach höheres Risiko einer manifesten Hypertonie auf als Personen mit normalem Belastungsdruck (Framingham-Offspring-Study).
  - Neuere Daten der Framingham-Studie bestätigen den prädiktiven Wert eines erhöhten (diastolischen) Belastungsblutdrucks bei normotensiven Männern und Frauen für die Entwicklung einer manifesten Hypertonie im Verlauf von 8 Jahren. In dieser Untersuchung war aber auch bereits die Höhe des Ruheblutdrucks (im Normbereich) ein signifikanter Prädiktor für die Entwicklung einer manifesten Hypertonie.
  - Es gibt inzwischen eine größere Anzahl von Untersuchungen, die einen erhöhten Belastungsblutdruck bei Normotensiven als Vorläufer einer manifesten Hypertonie finden. Es gibt allerdings auch Zweifler an dieser einfachen Schlussfolgerung, die behaupten, dass die Entwicklung einer manifesten Hypertonie in den untersuchten Kollektiven lediglich einen bereits erhöhten Ruheblutdruck widerspiegelt, und die Vorhersagekraft des Belastungsblutdrucks nicht besser ist als die des Ruheblutdrucks.
- **Aussage über kardio- und zerebrovaskuläres Risiko:**
  - Die systolische Belastungsreaktion korreliert nicht nur mit der linksventrikulären Muskelmasse (auch bei noch normaler Ventrikelgröße und ohne LVH) bei Männern und Frauen mittleren Alters, sondern sie ist auch mit einem erhöhten kardio- und zerebrovaskulären Risiko assoziiert: Bei normalem Ruheblutdruck ist ein erhöhter Belastungsblutdruck bei gesunden, asymptomatischen Personen mit einer erhöhten Inzidenz kardiovaskulärer Ereignisse korreliert.
  - Sowohl der Ruheblutdruck im Liegen als auch der Belastungsblutdruck nach 6 Minuten (100 Watt) sind mit der kardiovaskulären

Mortalität assoziiert, *nicht* jedoch der maximale systolische Belastungsblutdruck (nach Adjustierung für alle anderen klassischen Risikofaktoren).

- Das Myokardinfarktrisiko für Männer mittleren Alters mit Belastungshypertonie (systolisch > 200 mmHg) ist gegenüber Personen ohne Belastungshypertonie deutlich erhöht.
- Im Vergleich mit belastungsnegativen Patienten ist die kardiovaskuläre Mortalität ist bei Personen mit Belastungshypertonie signifikant höher.
- Den kombinierten Einfluss von Ruheblutdruck und Belastungsblutdruck bei Normotonie, und verschiedenen Kombinationen aus Ruhe- und Belastungsblutdruck zeigt Abb. 3.7:
  - *Säule 1:* Ruhehypertonie (> 140 mmHg syst.) *und* Belastungshypertonie (> 200 mmHg syst. bei 100 Watt): Höchste kardiovaskuläre Mortalitätsrate mit 16,1 %.
  - *Säule 2:* Normaler Ruheblutdruck, erhöhter Belastungsblutdruck: Mortalitätsrate im Vergleich mit Kollektiv 1 um rund 50 % reduziert.
  - *Säule 3:* Hypertonie in Ruhe (> 140 mmHg syst.), normaler Belastungsblutdruck (< 200 mmHg syst.): Mortalitätsrate wesentlich geringer als bei erhöhtem Ruhe- und Belastungsblutdruck.
- Bei 1026 finnischen Männern zeigte sich ein 2,3fach erhöhtes Schlaganfallrisiko über 10 Jahre bei einer Blutdruckreaktion > 19,7 mmHg pro Minute während der Belastungsuntersuchung. Eine unzureichende Blutdruckabsenkung nach 2 Minuten in der Erholungsphase war mit einem noch deutlich höheren Schlaganfallrisiko (5fache Erhöhung) assoziiert.

Einfluss von Antihypertensiva auf Belastungshochdruck:

- Während die Antihypertensiva der ersten Wahl (S. 193) bei äquieffektiver Dosierung den Ruheblutdruck gleich stark senken, gibt es deutliche Unterschiede der verschiedenen Substanzen hinsichtlich der Wirkung auf den Blutdruck unter Belastung.
- Es ist umstritten, ob eine stärkere Senkung eines überhöhten Blutdruckanstiegs unter Belastung bei einem Hypertoniker mit einer bestimmten Substanz von Vorteil ist im Vergleich zu einer antihypertensiven Therapie mit schwächerer Beeinflussung des Belastungsblutdrucks.
- Verschiedene Studien zeigten, dass β-Blocker allen anderen Antihypertensiva wegen ihrer überragenden Dämpfung des Sympathikotonus, insbesondere unter Belastung, in der Senkung des Belastungsblutdrucks ganz offensichtlich deutlich überlegen sind.

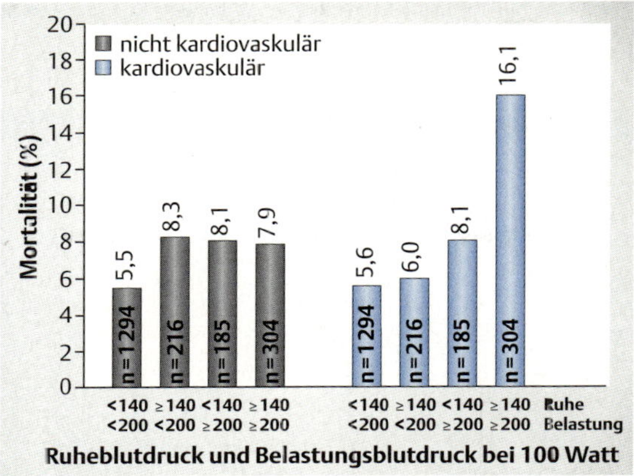

Abb. 3.7 Kardiovaskuläre und nicht-kardiovaskuläre Mortalitätsrate nach 16 Jahren bei 1999 Männern (40–59 Jahre) in Beziehung zum Ausgangsblutdruck in Ruhe und unter Belastung mit 100 Watt

! ***Beachte:*** Dem Einfluss von Antihypertensiva auf den Belastungsblutdruck misst man heute keinen sehr hohen Stellenwert mehr bei. Aus der Überlegenheit der β-Blocker aufgrund der besonders günstigen Beeinflussung des Blutdrucks unter (dynamischer) Belastung folgt **kein Vorteil hinsichtlich der Senkung zerebrovaskulärer Ereignisse**. In der LIFE-Studie war der AT1-Antagonist Losartan dem β-Blocker Atenolol bei der Senkung der Schlaganfallinzidenz bei Hypertonikern mit linksventrikulärer Hypertonie signifikant überlegen. Wahrscheinlich spielen hierfür andere Effekte als die Beeinflussung der Belastungsreaktion eine größere Rolle.

Weitere temporäre Blutdrucksteigerungen

- Unter temporären Blutdrucksteigerungen können sehr verschiedene Regulationsstörungen zusammengefasst werden. Gemeinsam ist ihnen eine nur vorübergehende Blutdruckerhöhung bzw. das Fehlen einer dauerhaften manifesten Hypertonie.

- **Ursachen:** Siehe Tab. 3.4.

Tabelle 3.4 Ursachen temporärer Blutdrucksteigerung

endokrine Formen	· Hyperthyreose · Hypothyreose · Hyperparathyreoidismus · Akromegalie · Karzinoidsyndrom · orale Kontrazeptiva
kardiale Formen	· Aortenklappeninsuffizienz · totaler AV-Block · hyperkinetisches Herzsyndrom · AV-Fistel · offener Ductus Botalli
hämorrheologische Formen	· Polycythämia vera · Hyperviskositätssyndrom · Erythropoetin-Therapie
neurogene Formen	· Schlaganfall · Hirntumor · Neurovaskuläre Kompression · Schädel-Hirn-Trauma · Querschnittlähmung · Polyradikulitis
psychogene Formen	· akuter Stress · Panikattacke · Depression · Schmerzsyndrome
andere Formen	· akute Porphyrie

4 Diagnostik der Hypertonie

4.1 Allgemeine Diagnostik

Grundlagen

- Die **Abklärung** der Hypertonie erfordert ein **mehrstufiges Verfahren** (Tab. 4.1):
  - Sicherung der Diagnose Hypertonie durch adäquate Blutdruckmessungen. Siehe hierzu Kapitel 5 ab Seite 34.
  - Anamnese.
  - Klinische Untersuchung.
  - Sparsame Basisdiagnostik.
  - Sorgfältig indizierte weiterführende Diagnostik.
  - Diagnostik hypertensiver Organschäden und Begleiterkrankungen.

Tabelle 4.1 Diagnostik bei primärer Hypertonie und Stufendiagnostik zum Ausschluss bzw. Nachweis einer sekundären Hypertonieform, Begleiterkrankungen und Organschäden

1. Manifeste Hypertonie? →
- Praxismessung mehrfach > 140/90 mmHg
- ABDM-Mittelwert > 135/85 mmHg am Tage
- BD-Selbstmessung mehrfach > 135/85 mmHg
- Belastungsblutdruck > 200/100 mmHg bei 100 Watt

2. Anamnese

persönliche Aspekte:	**mögliche Hypertonieursache**
Hypertonieauslöser, -dauer Blutdruckverlauf, Stress besondere psychosoziale Belastungen	stressinduzierte Hypertonie
Lebensstil, Ernährung, Bewegung	primäre Hypertonie
Alkohol, Drogen, Nikotin, Lakritze	
Hypertoniesymptome, -krisen	Phäochromozytom
bisherige Therapie: Erfolge, Nebenwirkungen, Compliance, Lebensqualität, Libido	
bei Frauen:	
orale Kontrazeptiva	medikamentös induzierte Hypertonie
Schwangerschaft	Schwangerschaftshypertonie

Tabelle 4.1 Diagnostik bei primärer Hypertonie und Stufendiagnostik zum Ausschluss bzw. Nachweis einer sekundären Hypertonieform, Begleiterkrankungen und Organschäden (Fortsetzung)

3. Klinische Untersuchung	
Gewicht, BMI, Cushing-Aspekt	primäre Hypertonie, Cushing-Syndrom
BD-Messung und Pulsstatus: Beide Arme simultan, untere Extremität	Aortenisthmusstenose
Auskultation Herz, Abdomen	Aortenisthmus-, Nierenarterienstenose
Augenhintergrund	
4. Basisdiagnostik	
Kreatinin, Harnstoff, Harnsäure, Urin	renale Hypertonie
Kalium	Hyperaldosteronismus
Kalzium	Hyperparathyreoidismus
TSH	Hyper-, Hypothyreose
Glukose	Diabetes mellitus
Abdomen-Sonographie	renale, renovaskuläre Hypertonie
5. weiterführende Diagnostik bei	
· Hinweisen aus Anamnese, klinischer Untersuchung und Basisdiagnostik · schwerer Hypertonie · schwer einstellbarer Hypertonie · nächtlicher Hypertonie (ABDM)	s. Tab. 4.1 S. 31
6. Diagnostik hypertensiver Organschäden	
EKG, Echokardiographie	KHK, linksventrikuläre Hypertrophie, Herzinsuffizienz
Doppler-, Duplexsonographie der Gefäße	Arteriosklerose, Stenosen
Sonographie	Aortenaneurysma
Hirnleistungsdiagnostik	vaskuläre Demenz
Mikroalbuminurie, Proteinurie	Nephropathie

4.2 Diagnostik der primren Hypertonie

! ***Hinweis:*** Die primäre Hypertonie ist keine alleinige Ausschlussdiagnose! Die Diagnose „primäre Hypertonie" kann daher durchaus „positiv" gestellt werden.

▶ **Folgende Faktoren sprechen für eine primäre Hypertonie:**
- Vorliegen einer leichten Hypertonie (140–159 mmHg systolisch, 90–99 mmHg diastolisch).
- Langsamer, klinisch stummer Beginn.
- Normales zirkadianes Blutdruckprofil in der ABDM (S. 54).
- Sehr gutes Ansprechen auf nichtmedikamentöse Maßnahmen.
- Sehr gutes Ansprechen auf eine niedrig dosierte medikamentöse Therapie.
- Anamnestisch, klinisch und in der Basisdiagnostik kein Hinweis auf eine sekundäre Hypertonieform (s. u.).
- Kein Vorliegen anderer Erkrankungen wie Diabetes mellitus oder eine Niereninsuffizienz (→ sprechen für sekundäre Hypertonie).
- Vorliegen typischer Faktoren, die zur Manifestation einer Hypertonie führen (S. 5):
  - Bekannter Hypertonus in der Familie, insbesondere in Kombination mit einem hohen Salzkonsum (S. 74). (**!** ***Hinweis:*** Daher sollte immer eine Familienanamnese erhoben werden, S. 70).
  - Übergewicht und Bewegungsmangel (S. 73).
  - Hoher Alkoholkonsum (S. 76).
  - Hinweise auf chronische Stressbelastung (S. 77).

4.3 Diagnostik der sekundären Hypertonie

Grundregeln zur Diagnostik

! ***Merke:*** Grundsätzlich hat bei Verdacht auf eine endokrine Hochdruckform zunächst stets die laborchemische Sicherung der Diagnose zu erfolgen, in der zweiten Stufe erfolgt dann die Bildgebung!

▶ Beispielsweise muss bei anamnestischem Verdacht auf ein Phäochromozytom oder ein Conn-Syndrom bei Hypokaliämie zunächst die Hormonanalyse den Verdacht bestätigen und die Diagnose sichern. Danach erfolgt die bildgebende Diagnostik mittels Computer- oder Magnetresonanztomographie. So können unnötige Kosten, Strahlenbelastungen und Unannehmlichkeiten für den Patienten verhindert werden.

! ***Hinweis:*** Es ist nicht bezahlbar, nicht notwendig und auch nicht wünschenswert, bei jedem Hypertoniker mit letzter Sicherheit unter Inanspruchnahme der gesamten modernen Diagnostik jede denkbare sekundäre Hypertonieform auszuschließen.

- Die **Suche** nach einer sekundären Hypertonie sollte sich deshalb **auf Patienten beschränken**, deren Wahrscheinlichkeit für eine sekundäre Hypertonie deutlich erhöht ist:
  - Patienten, bei denen aufgrund von Alter, Anamnese, klinischer Untersuchung, oder laborchemischer Basisdiagnostik der Verdacht auf eine sekundäre Hypertonie besteht.
  - Patienten, bei denen sich plötzlich eine Hypertonie entwickelte (z. B. arteriosklerotische Nierenarterienstenose, Phäochromozytom),
  - Patienten mit schwerer Hypertonie (> 180 mmHg systolisch und/oder > 110 mmHg diastolisch),
  - Patienten mit nächtlicher Hypertonie, insbesondere inversem Blutdruckrhythmus in der ABDM,
  - Patienten mit schwer einstellbarer Hypertonie (3er-Kombination einschließlich Diuretikum),
  - Patienten mit deutlichem Blutdruckanstieg unter unveränderter Medikation (z. B. Entwicklung einer Niereninsuffizienz, arteriosklerotische Nierenarterienstenose).
- Werden diese Regeln eingehalten, lässt sich ein kleiner Prozentsatz von Patienten mit potenziell heilbarer Ursache der Hypertonie identifizieren. Andererseits wird Patienten mit einer geringen Wahrscheinlichkeit für eine sekundäre Hypertonie die Belastung mit einer falschen Diagnose bei falsch positivem Befund erspart. Denn selbstverständlich haben auch noch so ausgefeilte diagnostische Prozeduren nie eine 100%ige Sensitivität und Spezifität.

5 Blutdruckmessung

5.1 Grundlagen

- Die richtige und korrekte Blutdruckmessung zur richtigen Zeit in der entsprechenden Situation ist nicht nur Grundlage für die Diagnose Hypertonie, sondern kann bereits weitere Aufschlüsse geben über Ursachen und Formen der Hypertonie, Endorganschäden und Risiken (isolierte systolische Hypertonie, Druckdifferenz zwischen Arm und Bein, Seitendifferenz, Belastungshypertonie, überschießender morgendlicher Blutdruckanstieg, nächtliche Hypertonie usw.).
- Die verschiedenen Messverfahren ergänzen sich in sinnvoller Weise. Sie haben einen unterschiedlichen Stellenwert und jeweils bestimmte Vor- und Nachteile.

- **Prinzipien:**
  - *Indirekte Blutdruckmessung:*
    - Konventionell.
    - Oszillometrisch.
  - *Direkte arterielle Blutdruckmessung:* S. 42.

5.2 Indirekte Blutdruckmessung

Konventionelle Blutdruckmessung

- **Prinzip:** Indirekte auskultatorische Messung mittels Oberarmmanschette über der A. brachialis.
  - ! ***Rückblick:*** Der Turiner Kinderarzt Scipione *Riva-Rocci* (daher die Abkürzung RR für den Blutdruck) entwickelte 1895 eine Staumanschette für den Oberarm und konnte somit den systolischen Blutdruck palpatorisch bestimmen. Der russische Militärarzt *Korotkoff* entdeckte dann 1905 die nach ihm benannten Strömungsgeräusche bei Teilkompression einer Arterie. Er benutzte nun die Geräuschphänomene in Kombination mit der Oberarmmanschette zur Bestimmung des systolischen und diastolischen Blutdrucks. Seit nun fast 100 Jahren erfolgt die Blutdruckmessung in den meisten Fällen nach wie vor weltweit mit der Messung nach Riva-Roccci und Korotkoff am Oberarm mittels Auskultation der typischen Geräuschphänomene (Phasen 1–5): Abb. 5.1.
- **Voraussetzungen:** Unabhängig von der Messmethode und dem Gerät müssen bei der konventionellen, indirekten Messung die in Tab. 5.1 genannten Punkte beachtet werden!
- **Manschettengröße:** Die Standardmanschette ist 12–13 cm breit, 24 cm lang (aufblasbares Gummiteil) und eignet sich für einen Oberarmumfang zwischen 24 und maximal 35 cm.
  - *Bei dickerem Oberarm* muss eine breitere und längere Manschette verwendet werden, weil sonst mit der normalen Manschette zu hohe Drücke benötigt werden, um die A. brachialis zu komprimieren. Die Folge sind falsch hohe Blutdruckwerte.
  - *Bei Kindern, sehr schlanken Erwachsenen, älteren Patienten mit Atrophie der Oberarmmuskulatur* muss eine kleinere (Kindermanschette) verwendet werden.

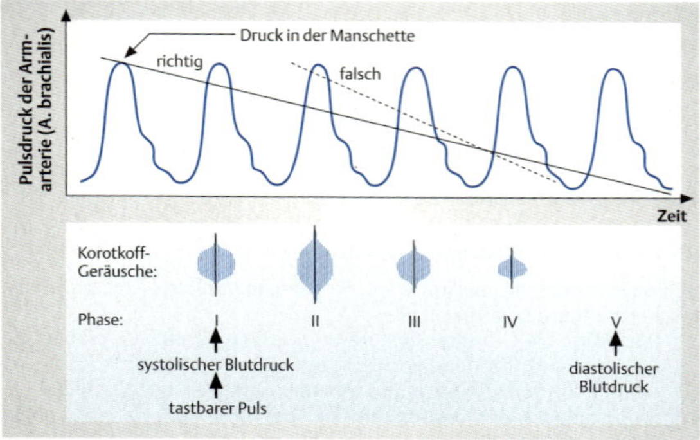

Abb. 5.1 Schematische Darstellung des Prinzips der auskultatorischen Blutdruckmessung

Tabelle 5.1 Wichtige Bedingungen bei der konventionellen, indirekten Blutdruckmessung
· ruhige, entspannte Situation im Sitzen nach mindestens 5 Minuten Ruhe · keine Unterhaltung während der Messung · richtige Manschettengröße und -lage: · zu große Manschette → falsch niedrige Werte · zu kleine Manschette → falsch hohe Werte. · Manschettenunterrand 2 cm über Ellenbeuge · Platzierung unter der Kleidung · Pulspalpation (A. brachialis oder A. radialis) · ruhige Armlage in Herzhöhe (+8 bzw. –8 mmHg pro 10 cm unter oder über Herzhöhe) · Arm nicht stark beugen (→ falsch niedrige Werte) · Ablassgeschwindigkeit ca. 2–3 mmHg pro Sekunde · richtiges (Korotkoff-Phase) und genaues Ablesen der Blutdruckwerte

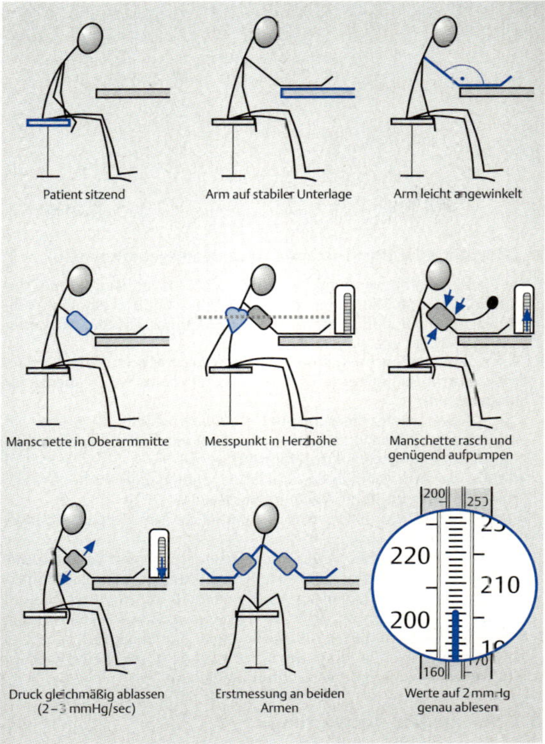

Abb. 5.2 Die wichtigsten Regeln der Blutdruckmessung am Oberarm

Tabelle 5.2 Auswahl der geeigneten Manschette (Empfehlungen der Deutschen Hochdruckliga)

Patient	Oberarmumfang (cm)	Gummiblase (Breite × Mindestlänge [cm])
Kleinkind		5 × 8
Kind		8 × 13
Erwachsener	< 33	12–13 × 24
	33–41	15 × 30
	> 41	18 × 36

Oszillometrische Blutdruckmessung (Handgelenkgeräte)

- Die Einführung der modernen oszillometrischen Messung (ohne Auskultation) und der Kombination mit elektronischer und digitaler Technik auch bei der auskultatorischen Methode hat die Blutdruckmessung erleichtert und populärer gemacht.
- Die oszillometrisch messenden Handgelenkgeräte sind für die Blutdruckselbstmessung bei den Patienten sehr beliebt, haben aber einige **Limitationen:**
  - Sie müssen bei der Messung auf Herzhöhe positioniert werden, z. B. indem die Messhand auf die Brust gelegt wird oder diese auf dem Tisch mit einem Kissen unterpolstert wird.
  - Hängt der Arm nach unten, und ist das Handgelenk zu tief positioniert, werden zu hohe Werte gemessen.
  - Bei Handgelenksumfängen > 19,5 cm ist die Messung am Handgelenk problematisch.
  - In jedem Fall sollten Vergleichsmessungen mit der Standardmethode durchgeführt werden, um sicher zu stellen, dass die Differenzen zwischen den beiden Messorten nicht 10 mmHg überschreiten.
  - Bestehen berechtigte Zweifel an der Messgenauigkeit eines Geräts oder an der korrekten Handhabung durch den Patienten, kann eine Kontrolle und Einübung in der Sprechstunde durch die Arzthelferin als besonderer Service angeboten werden.

5.3 Messungen, Auswertung

Die Blutdruckmessung in der Praxis sollte bei der Erstuntersuchung eines Patienten sowohl im Seitenvergleich (linker und rechter Arm) als auch im Vergleich der oberen und unteren Extremität erfolgen. Dies ist wichtig, um eine signifikante Seitendifferenz auszuschließen, und damit wichtige Gefäßstenosen (A. subclavia, Aortenisthmusstenose, periphere arterielle Verschlusskrankheit) zu erkennen.

Messung im Seitenvergleich

- Ein exakter Seitenvergleich ist nur mit der simultanen Messung (an beiden Armen gleichzeitig) möglich.
- **Mögliches Vorgehen** (auch für nur 1 Person): Messung mit einem automatischen Gerät an einem Arm und konventionelle manuelle Messung durch den Arzt am anderen Arm.
- ! ***Merke:*** Bei einer reproduzierbaren Seitendifferenz (bei den meisten Patienten ist der Blutdruck am linken Arm etwas höher) sollte der Arm mit dem höheren Blutdruck zukünftig für die Messung verwendet werden. Dies ist für weitere Kontrollen und insbesondere für die adäquate Bewertung der antihypertensiven Therapie wichtig.
- **Bewertung:** Eine konstante Seitendifferenz von ca. ≥ 10–20 mmHg sollte Anlass zu weiteren Untersuchungen geben, um pathologische Gefäßprozesse, insbesondere eine Stenose der A. subclavia oder eine Aortenisthmusstenose auszuschließen (Aortenisthmusstenosen werden z. T. erst in der Jugend oder im Erwachsenenalter entdeckt).

Blutdruckdifferenz zwischen Arm und Bein

- ! ***Hinweis:*** Für die Blutdruckmessung am Bein wird die Blutdruckmanschette am distalen Unterschenkel oberhalb des Knöchels angelegt und der systolische Blutdruck über der A. tibialis posterior oder der A. dorsalis pedis beim Aufpumpen (Verschwinden der Pulsation) und beim Ablassen des Drucks (Wiederauftreten der Pulsation) palpatorisch bestimmt.
- **Normal:**
  - Der systolische Blutdruck ist normalerweise bei gesunden Gefäßen an den Beinen (Messung am Unterschenkel) etwas höher als der Druck in den Armen.
  - Während arterieller Mitteldruck und diastolischer Blutdruck mit zunehmendem Abstand vom Herzen leicht sinken, wird der systolische Blutdruck in Richtung Peripherie überhöht. Dies wird durch die Pulswellenreflexion an der Gefäßwand erklärt.
  - In jüngeren Jahren werden größere Blutdruckdifferenzen zwischen zentralem und peripherem Kreislaufsystem gefunden als im Alter (Abb. 5.3).

- **Pathologisch:**
  - *Erhöhung des systolischen Blutdrucks* bei Abnahme der Elastizität und fehlender Windkesselfunktion der großen Gefäße im höheren Lebensalter (dann kann die Reflexionswelle bis zur Aorta zurücklaufen): isolierte systolische Hypertonie.
  - *Blutdruck in den Beinen signifikant niedriger:* V. a. periphere arterielle Verschlusskrankheit, Aortenisthmusstenose.

Pulsdruck (pulse pressure)

- **Definition:** Pulsdruck ist die rechnerische Differenz zwischen systolischem und diastolischem Blutdruckwert.
- In den letzten Jahren wurde aufgrund nachträglicher Auswertungen großer Therapiestudien postuliert, dass der Pulsdruck ein eigenstän-

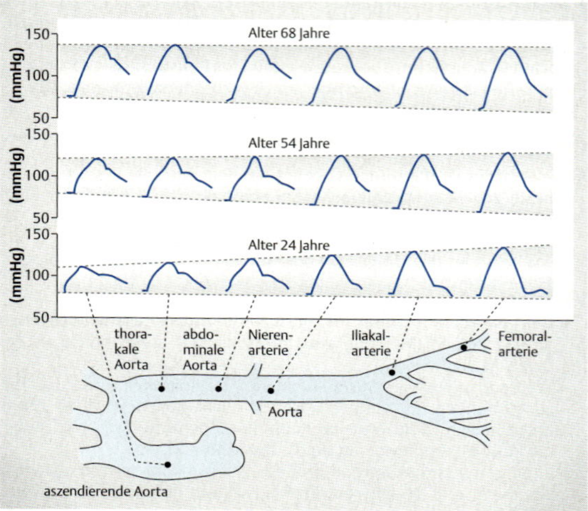

Abb. 5.3 Blutdruck im Verlauf der großen Arterien in Abhängigkeit vom Alter der Probanden. Bei Jungen werden nur die peripheren, bei Alten auch die zentralen Druckwellen überhöht.

diger Risikofaktor sei, wenn er den Wert von 60 mmHg überschreitet. Das würde also z. B. für einen Patienten mit einem Blutdruck von 170/90 mmHg gelten (Pulsdruck = 80 mmHg).

- Tatsächlich findet man einen hohen Pulsdruck nur bei älteren Patienten mit isolierter systolischer Hypertonie (ISH). Bei diesen Patienten besteht bereits eine fortgeschrittene Schädigung der großen Gefäße im Sinne einer Arteriosklerose mit verminderter Elastizität und Windkesselfunktion. Es handelt sich eigentlich nicht um eine klassische primäre Hypertonie mit erhöhtem peripheren Widerstand, sondern um einen Organschaden der großen Gefäße mit weit gestellter Gefäßperipherie. Ein erhöhter Pulsdruck bei diesen Patienten ist dementsprechend ein Risiko*indikator* des bestehenden Gefäßschadens.
- Neuere Auswertungen der Daten der MRFIT-Studie (342.815 Patienten) zeigen, dass im Alter von 35 bis 57 Jahren für das kardiovaskuläre Risiko beide Blutdruckwerte (systolischer und diastolischer Wert) wichtig sind, nicht jedoch systolischer oder diastolischer Druck oder Pulsdruck alleine.

! ***Fazit:***

- Beide Blutdruckwerte müssen ernst genommen werden. Unabhängig davon, ob nur einer oder beide erhöht sind, müssen sie therapeutisch beeinflusst werden. Dies gilt insbesondere im jungen und mittleren Alter. Im höheren Alter, wenn nur der systolische Blutdruck erhöht ist, wird dieser behandelt – unabhängig vom Pulsdruck.
- Der Pulsdruck ist ein wichtiger Risiko*indikator*, der nochmals die Bedeutung der isolierten systolischen Hypertonie unterstreicht. Als eigenständiger Risiko*faktor* sollte er nicht bezeichnet werden.

Welcher Wert ist wichtiger: Systolisch oder diastolisch?

- Die Diskussion um die Bedeutung von systolischem oder diastolischem Blutdruck ist sehr alt und ändert sich regelmäßig. **Beide Blutdruckwerte sind wichtig für das Risiko und die Prognose**, wie die MRFIT-Daten zeigen.

! ***Merke:*** Je höher die Werte, umso schlechter ist die Prognose. Eine systolische *und* diastolische Hypertonie ist schlechter als eine (isolierte) diastolische oder eine isolierte systolische Hypertonie (ISH). Eine isolierte diastolische Hypertonie (z. B. 135/105 mmHg) ist im Vergleich zur ISH selten. Sie kommt eher in jüngeren Jahren und zu Beginn der Hochdruckkrankheit vor.

! ***Fazit:*** Die Blutdruckmessung und die Interpretation der Werte erlaubt also bereits eine Aussage über eine bestimmte Hochdruckform, Alter und Zustand des Gefäßsystems, über das Stadium der Hochdruckkrankheit, das Risiko und die Prognose.

5.4 Direkte arterielle Blutdruckmessung

- Heute stehen verschiedene Messsysteme für die intraarterielle Druckmessung zur Verfügung.
- Die **Indikation** sollte streng gestellt werden:
  - Verdacht auf grobe Messfehler bei der indirekten Messung.
  - Wandstarre der Gefäße (Pseudohypertonie), z. B. bei Mediasklerose (Diabetes mellitus).
  - Unzuverlässigkeit der Blutdruckmesssignale (z. B. im Schock).
  - Rasche Blutdruckänderungen in lebensbedrohlichen Situationen (z. B. während Operationen, in der Intensivüberwachung).
  - Druckdifferenzen an Stenosen (z. B. Nierenarterienstenose, Aortenisthmusstenose, Aortenklappenstenose).
  - Wissenschaftliche Untersuchungen (hämodynamische Fragestellungen, Evaluation neuer indirekter Messverfahren).

5.5 Blutdruckmessverfahren im Alltag

- Der technische Fortschritt bei der Blutdruckmessung in den letzten 20 Jahren ist gewaltig. Wesentliche Messverfahren sind:
  - *Gelegenheitsblutdruckmessung (GBDM):* Konventionelle Messung in Klinik und Praxis (s. u.).
  - *Blutdruckselbstmessung (BDSM):* S. 46.
  - *Ambulante Blutdruck-Langzeitmessung (ABDM):* S. 49.
  - *Telemetrisches Blutdruckmonitoring:* S. 61.
- Die Einführung der ambulanten Blutdruck-Langzeitmessung (ABDM) war die wohl größte Innovation und hat ihre Praxistauglichkeit bewiesen und neue Einblicke in die Blutdruckregulation ermöglicht. Die ABDM ist heute die objektivste und in vieler Hinsicht aussagekräftigste Messmethode.
- Die verschiedenen Messverfahren sind aber nicht konkurrierende, sondern komplementäre Verfahren. Vorteile/Stärken und Nachteile/Schwächen der einzelnen Verfahren sind in Tabelle 5.3 zusammengefasst.

Tabelle 5.3 Übersicht über Blutdruckmessverfahren

	GBDM	ABDM	Selbstmessung	Ergometrie
Charakteristika	optimal für Screening	Goldstandard	Messung unter stabilen Bedingungen	standardisiert
Untersucherfehler	+	–	+	+
Diagnostik				
Erkennung Praxishypertonie	–	+++	+	+
Erkennung Praxisnormotonie	–	+++	+	–
Diagnosesicherheit	+	+++	+	+
Reproduzierbarkeit	+	+++	++	++
Normwerte	++	++	+	+
Beurteilung BD-Rhythmus	–	+++	–	–
morgendlicher BD-Anstieg	–	+++	(+)	–
Erkennung nächtliche Hypertonie	–	+++	–	–
BD-Beurteilung im Alltag	–	+++	++	–
BD-Beurteilung unter Belastung	–	++	–	+++
BD-Beurteilung am Arbeitsplatz	–	+++	+	–
Erkennung BD-Spitzen/-Krisen, Hypotension	–	+++	(+)	–
Prognose				
epidemiologische Daten	++	+	–	+
Korrelation mit Organschäden	+	+++	++	+

Tabelle 5.3 Übersicht über Blutdruckmessverfahren (Fortsetzung)

	GBDM	ABDM	Selbstmessung	Ergometrie
Mortalitätsdaten aus Therapiestudien	+++	++	–	+
Therapie				
Interventionsstudien	++	+	–	–
Plazeboeffekt	+	–	–	?
Beurteilung 24h-Wirkung	–	+++	+	–
individuelle Therapieanpassung	+	+++	+	+
individuelle Dosierungsintervalle	–	+++	+	–
Vermeidung Überbehandlung/-dosierung	–	+++	+	–

Gelegenheitsblutdruckmessung (GBDM)

- **Definition:** Der Begriff Gelegenheitsblutdruckmessung (GBDM) steht für die konventionelle Messung in Klinik und Praxis, um sie klar von der ambulanten Blutdruck-Langzeitmessung (ABDM) und der Blutdruckselbstmessung (BDSM) sowie anderen Messverfahren abzugrenzen.

! ***Hinweis:*** Die GBDM ist nach wie vor das wichtigste Verfahren für ein Hypertonie-Screening.

Vorteile der Gelegenheitsblutdruckmessung

- Die großen epidemiologischen Studien wurden ebenso wie die Therapiestudien mit der konventionellen Messung durchgeführt. Unsere Kenntnisse über das Risiko der Hypertonie und die Daten zur erfolgreichen Risikominderung durch eine antihypertensive Therapie basieren vorwiegend auf der konventionellen Messung.
- Die alten und neuen Definitionen und Klassifikationen/Normwerte beziehen sich auf die GBDM.
- Die GBDM kann breit und einfach angewendet werden. Ziel sollte sein, dass die Blutdruckmessung bei möglichst vielen Arztkontakten und nicht nur beim Hausarzt und hausärztlich tätigen Internisten (sondern auch bei Spezialisten und Ärzten anderer Fachgebiete wie

z. B. Gynäkologen) durchgeführt wird, um bei möglichst vielen Patienten frühzeitig eine Hypertonie festzustellen.

- Die konventionelle Messung durch den Arzt persönlich ist eine sehr wichtige und bedeutende ärztliche Tätigkeit und für die Arzt-Patienten-Kommunikation und Interaktion sehr förderlich.

Nachteile der Gelegenheitsblutdruckmessung

- Die alleinige Praxismessung hat allerdings auch viele Limitationen, und ist für eine optimale und individuelle Therapie heute nicht mehr ausreichend:
  - Nicht abschätzbarer Einfluss (Blutdruckanstieg) der Gegenwart des Arztes bzw. der Situation in der Praxis oder Klinik (so genannter Weißkittel- oder Praxiseffekt).
  - Nichtberücksichtigung der ausgeprägten spontanen Variabilität des Blutdrucks.
  - ! ***Hinweis:*** Diese Faktoren können sich in der Betreuung des einzelnen Patienten auswirken, aber auch in wissenschaftlichen Untersuchungen eine Rolle spielen, wenn die konventionelle Messung für epidemiologische Untersuchungen nicht optimal eingesetzt wird. Insbesondere bei leichter und mittelschwerer Hypertonie kann die alleinige Praxismessung zu erheblicher Fehleinschätzung führen. Für die Diagnose Hypertonie sind hier einige wenige Messungen nicht ausreichend. Die epidemiologischen Daten sagen deshalb auch nichts über die tatsächliche Prävalenz der manifesten Hypertonie als klinische Diagnose aus.
  - Fehlende Aussage zum
    - Tag-Nacht-Profil des Blutdrucks,
    - nächtlichen Blutdruck,
    - morgendlichen Blutdruckanstieg.
  - Unterschätzung der antihypertensiven Wirkung einer entsprechenden Therapie im Vergleich zur ABDM (S. 49). Dies ist ein ganz wesentlicher Aspekt für die Praxis, aber auch bei der Bewertung von Therapiestudien!
  - Gefahr der Verfälschung der Blutdruckwerte bei der Kontrolle einer antihypertensiven Therapie durch eine bestimmte Erwartungshaltung des Untersuchers (expectation bias).

Durchführung der Gelegenheitsblutdruckmessung

- Am besten mit automatischen Blutdruckmessgeräten mit digitaler Anzeige und Ausdruck der Werte → Reduzierung der subjektiven Fehlerquelle.

- Möglichst standardisiert in der Praxis: Mindestens drei Blutdruckwerte im Abstand von 1–2 Minuten nach einer Ruhephase von 5 Minuten.
- Bei der auskultatorischen Methode auf die richtige Manschettenlage und -größe (S. 38), die Bestimmung des diastolischen Blutdrucks beim vollständigen Verschwinden der Korotkoffgeräusche (Phase 5, S. 36) sowie die Vermeidung der Endziffernpräferenz (Auf-/Abrunden auf 0 oder 5) achten.

! ***Hinweis:*** Aufgrund der ausgeprägten situativen und periodischen Schwankungen des Blutdrucks ist eine zuverlässige Einschätzung allein aufgrund der Gelegenheitsmessung in der Praxis problematisch. Zusätzliche Informationen durch die Selbstmessung und falls möglich die ABDM sollten nach Möglichkeit herangezogen werden.

Blutdruckselbstmessung (BDSM)

- Die Blutdruck-Selbstmessung ist in den letzten Jahren durch die technische Entwicklung der Geräte und die günstigen Preise immer beliebter geworden. In Deutschland sind inzwischen mehrere Millionen Geräte in den Haushalten vorhanden. Dieses große Potenzial sollte auch von ärztlicher Seite genutzt werden. Die Selbstmessung hat einen hohen Stellenwert in der dauerhaften Therapiekontrolle. Für eine optimale Anwendung und Nutzung der gemessenen Werte muss die BDSM ärztlich kontrolliert, die Ergebnisse sollten in den Entscheidungsprozessen berücksichtigt werden.
- Insbesondere die Möglichkeit der telemetrischen Datenübertragung der selbst gemessenen Blutdruckwerte eröffnet völlig neue Perspektiven in der Langzeitbetreuung von Hypertonikern.

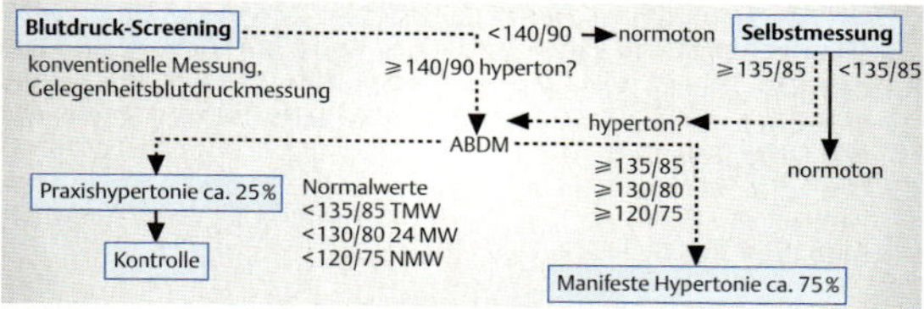

Abb. 5.4 Konventionelle Gelegenheitsblutdruckmessung in der Praxis (GBDM), Blutdruck-Selbstmessung durch den Patienten, und ambulante Blutdruck-Langzeitmessung (ABDM) in der Diagnostik der manifesten Hypertonie (beachte niedrigere Normalwerte für die Selbstmessung und die ABDM). TMW = Tagesmittelwert, 24 MW = 24-Stunden-Mittelwert, NMW = Nachtmittelwert

Vorteile der Blutdruckselbstmessung

- **Förderung der Mitarbeit/Therapietreue sowie größere Sicherheit des Patienten:** Der Patient erhält einen besseren Einblick in die Wechselwirkung zwischen Blutdruck und eigenem Verhalten und innerem Erleben unter alltagsnahen Bedingungen. Er kann eventuell besondere, den Blutdruck steigernde Verhaltensweisen und Situationen identifizieren. Zudem lässt sich der Erfolg der eigenen nicht medikamentösen Maßnahmen zur Blutdrucksenkung, wie Gewichtsabnahme und körperliche Aktivität, mithilfe der Selbstmessung überprüfen.
- Wird die Selbstmessung richtig durchgeführt, können die Werte wichtige **Ergänzungen zur Praxismessung** liefern, sowohl unter diagnostischen als auch insbesondere unter therapeutischen Aspekten. Zum Nachweis einer manifesten Hypertonie sind bei wiederholt erhöhtem Sprechstundenblutdruck möglichst mehrere Selbstmessungen sinnvoll (→ ggf. Aufdeckung einer Praxishypertonie).
- Die BDSM ist ein wichtiges komplementäres Messverfahren und sollte weiter propagiert werden. Der Stellenwert in der Diagnostik ist geringer, in der **Therapieüberwachung** jedoch sehr hoch:
  - Bei Einleitung der Therapie (Titrationsphase) kann die antihypertensive Wirkung und eine eventuell vom Arzt verordnete Dosissteigerung vom Patienten selbst kontrolliert werden.
  - Auch in der Reduktionsphase der antihypertensiven Medikation oder bei einem kontrollierten Auslassversuch nach langfristiger sehr guter Blutdruckeinstellung in Absprache mit dem Arzt ist die Selbstkontrolle sehr hilfreich. Auf diese Weise kann ein unkontrollierter, erneuter Anstieg des Blutdrucks vermieden werden.
- Eine **Selbststeuerung der antihypertensiven Medikation** durch den Patienten sollte auf Ausnahmesituationen, wie z. B. Urlaub oder Schichtdienst, beschränkt werden. Hierbei ist eine gute Instruktion des Patienten und eine klare Absprache zwischen Arzt und Patient unabdingbar. Die Blutdruckselbstmessung ist hierbei das Messverfahren der Wahl, um die Selbststeuerung der Medikation zu überprüfen.
- **Mögliche Kostenersparnis.**

! ***Hinweis:*** Die Selbstmessung ist bei einigen wenigen, neurotisch veranlagten oder sehr ängstlichen Patienten nicht angezeigt, wenn die Messung erhöhter Werte bei diesen Patienten zu Panik und Angst führen, und damit wiederum eine den Blutdruck steigernde Situation entsteht.

- Insbesondere im Rahmen von wissenschaftlichen Studien und in der Langzeitbetreuung, z. B. von Risikopatienten und Hypertonikern mit schwer einstellbarer Hypertonie, wird die telemetrische Datenübertragung der Selbstmesswerte in Zukunft wohl eine große Bedeutung haben.

Durchführung der Blutdruckselbstmessung

- Zwei Messungen am Tag über mindestens drei Tage.
- Die Messungen sollten jeweils morgens (6.00 bis 8.00 Uhr) und abends (18.00 bis 20.00 Uhr) unter den gleichen Bedingungen als Doppelmessungen im Abstand von zwei bis drei Minuten erfolgen. Die Werte am Morgen sind signifikant höher als am Abend.
- Auch die Einnahme der Antihypertensiva muss berücksichtigt werden. Morgens ist der Blutdruck direkt nach dem Aufstehen und vor der Medikamenteneinnahme in der Regel am höchsten, entsprechend dem morgendlichen Blutdruckanstieg und als Folge der nachlassenden Wirkung der meisten antihypertensiven Substanzen „at trough" nach Gabe am Vortag. Eine Stunde nach Medikamenteneinnahme kann evtl. schon ein deutlich niedrigerer Blutdruck gemessen werden.

! ***Hinweis:*** Die Instruktion des Patienten hinsichtlich Zeitpunkt und Häufigkeit der Selbstmessung hängt daher ganz entscheidend von der klinischen Fragestellung ab.

Bewertung der Messergebnisse

- Gut ist die Korrelation der systolischen Blutdruckwerte aus der Selbstmessung am Morgen und am Abend.
- Schlecht ist die Korrelation der Werte aus der Selbstmessung und der Praxiswerte, sowohl bei unbehandelten als auch bei behandelten Patienten. Es ist deshalb auch nicht überraschend, dass die BDSM besser mit typischen hypertensiven Organschäden korreliert als die Praxis- bzw. Klinikmessung.

! ***Beachte:*** Bei der Bewertung der Selbstmessergebnisse gelten **niedrigere Normgrenzen als in der Praxis**! Der obere Normwert für die Selbstmessung beträgt **135 und/oder 85 mmHg** (in der Praxis 140/90 mmHg).

- Gravierende Unterschiede zwischen der Praxismessung und der Selbstmessung, z. B. Abweichungen von > 20 mmHg systolisch und > 10 mmHg diastolisch, sind eine Indikation zur Durchführung einer Blutdruck-Langzeitmessung.
- Die Selbststeuerung der antihypertensiven Medikation durch den Patienten sollte nur auf Ausnahmesituationen, wie z. B. im Urlaub, oder bei Schichtdienst, beschränkt werden. Hierbei ist eine gute Instruktion des Patienten und eine klare Absprache zwischen Arzt und Patient unabdingbar. Die Blutdruckselbstmessung ist hierbei das Messverfahren der Wahl, um die Selbststeuerung der Medikation zu überprüfen.

Zuverlässigkeit der dokumentierten Werte und Geräte

- **Zuverlässigkeit der Dokumentation:** Bei der Übertragung der Selbstmesswerte in den Blutdruckpass kommt es bewusst oder auch unbewusst zu erheblichen Ungenauigkeiten, wie eine Untersuchung mit gleichzeitiger Datenspeicherung ohne Kenntnis der Patienten zeigte:
  - Rund 36% der gemessenen Werte wurden überhaupt nicht dokumentiert, aber auch in 9% mehr als tatsächlich gemessen!
  - In 76% stimmten die gemessenen Werte mit den dokumentierten Werten überein. Aber es werden auch niedrigere Werte und höhere Werte als die tatsächlich gemessenen in den Blutdruckpass eingetragen.
  - Moderne Geräte mit Datenspeicherung und der Möglichkeit des Ausdrucks sind deshalb von großem Vorteil.
- **Zuverlässigkeit der Geräte:**
  - Die Deutsche Hochdruckliga vergibt ihr **Prüfsiegel** an Geräte, die ihr vom Hersteller zur Prüfung auf Messgenauigkeit angeboten werden und die Prüfungsbedingungen erfüllen. (http://www.hochdruckliga.info/gstext.htm).
  - Die Messgenauigkeit der Geräte ist stets verbesserungsbedürftig.

Ambulante Blutdruck-Langzeitmessung (ABDM)

Vorteile der ABDM

- **Robuste und sichere Ergebnisse** durch hohe Messdichte (ca. 60–70 Messungen über 24 Stunden). Damit drastisch höhere Sicherheit bei der Bewertung des wahren Blutdruckniveaus im Vergleich zu Einzelmessungen.
- **Erfassbare Parameter:** Durchschnittliche Blutdruckhöhe; Blutdruckschwankungen und Blutdruckvariabilität; Blutdruckanstiege, die nur in klinischer Umgebung auftreten (z. B. Praxishypertonie); Fehlen oder Verminderung des normalen Blutdruckabfalls in der Nacht; außergewöhnliche Blutdruckanstiege, z. B. am Morgen, oder Blutdruckabfälle.
- **Anderen Messverfahren überlegen:** Jüngste Untersuchungen zeigen, dass bei Hypertonikern der nächtliche Blutdruck (systolische und diastolische nächtliche Hypertonie) am besten das kardiovaskuläre Risiko voraussagt, gefolgt vom 24-Stunden-Blutdruck dem Tagesblutdruck und der konventionellen Praxismessung (Abb. 5.5).
- **Wirkdauer und Wirkstärke eines Antihypertensivums** können unter Berücksichtigung der Dosierungsintervalle besser erfasst wer-

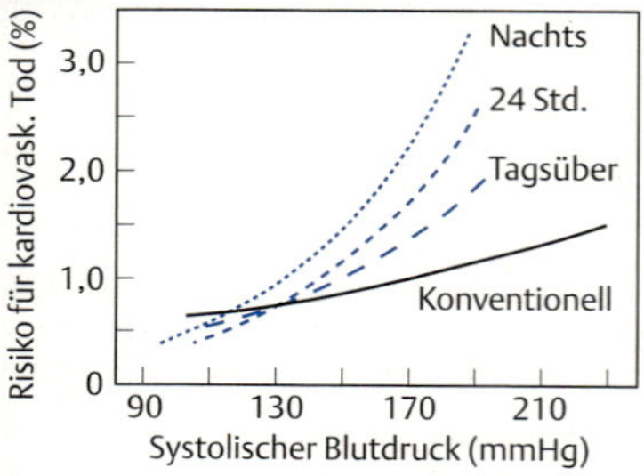

Abb. 5.5 Mortalitätsrisiko und systolischer Blutdruck konventionell gemessen und in der ABDM (gestrichelte Linie) (nach Dolan)

den, intermittierende hypertone oder hypotone Phasen unter Therapie sind erstmalig dokumentierbar.

- **Individuelle Optimierung von Dosis und Dosierungsintervallen.**

! ***Fazit:*** Die Darstellung der einzelnen Blutdruckwerte über 24 Stunden verdeutlicht wie ausgeprägt die individuelle Schwankungsbreite des Blutdrucks über 24 Stunden bereits bei Normotonikern sein kann, und wie viel mehr noch bei (unbehandelten) Patienten mit primärer Hypertonie. Die ausgeprägten (chaotischen) Blutdruckschwankungen innerhalb des 24-Stunden-Zyklus zeigen zwar im Mittel nach Auswertung mit der Rhythmusanalyse (geglättete Kurve) einen zirkadianen Rhythmus, lassen aber im individuellen Fall eine adäquate Beurteilung nur mittels ABDM zu. Dies verdeutlicht die große Bedeutung der ABDM für die Diagnostik und Therapiekontrolle sehr anschaulich, da nur mittels ABDM die Tageszeit adäquat berücksichtigt werden kann.

ABDM-Geräte

- Die Messung erfolgt mit automatisch messenden und registrierenden Geräten. Dabei sind in den letzten Jahren große Fortschritte hinsichtlich Größe der Geräte (ca. 250–400 g) und Dämpfung der Pumpgeräusche gemacht worden.
- **Messprinzip:** Die ABDM erfolgt entweder *auskultatorisch* (mittels eines in die Manschette eingebauten Mikrofons), *oszillometrisch* oder wahlweise mit *beiden Verfahren*, um die Messgenauigkeit zu erhhen.
- **Mess-Intervall:** Die Geräte können in frei programmierbaren Abständen den Blutdruck über 24 Stunden und länger messen.

- Die **Artefaktrate** moderner Geräte sollte nur noch bei maximal 5% liegen.
- **Beeinträchtigung des Patienten:** Die Geräte arbeiten inzwischen so gedämpft, dass die Umgebung des Patienten die Pumpgeräusche nicht wahrnimmt. Das ist eine wichtige Voraussetzung, um auch unter Alltagsbedingungen die ABDM durchführen zu können, und die Störung während der Schlafphase zu minimieren. Die Rate der signifikanten Schlafstörungen liegt bei maximal 10% der Patienten. Auch der nächtliche Blutdruck kann mittels ABDM zuverlässig erfasst werden. Die Messung selbst führt zu keiner Alarmreaktion und keinem Blutdruckanstieg in der Nacht. Der Schlaf kann zwar durch die Messung häufiger kurzfristig gestört werden, dies führt nicht zu einem signifikanten Blutdruckanstieg oder zu einer nächtlichen Hypertonie.
- **Anzeige und Aufzeichnung der Messergebnisse:** Bei den meisten Geräten können über eine Datenanzeige auf dem Rekorder nach jeder Messung der systolische und diastolische Blutdruck sowie die Pulsfrequenz abgelesen werden. Es empfiehlt sich, die Anzeige auszuschalten, um die Rückmeldung an den Patienten zu unterbinden, und somit unnötige Angstreaktionen zu verhindern. Die Daten werden zusätzlich in einem Festspeicher aufgezeichnet.
- **Anforderungen an ein ABDM-Gerät:** Tab. 5.4.

Indikationen

- **Vor Beginn einer antihypertensiven Therapie:**
  - *Verdacht auf eine Praxishypertonie bzw. Praxisnormotonie* (Missverhältnis zwischen Organschäden und Blutdruckhöhe):
    - Mittelschwere und schwere Hypertonie ohne Endorganschäden.
    - Normaler Blutdruck in der Praxis oder nur leichte Hypertonie mit Endorganschäden.

Tabelle 5.4 Anforderungen an ein ABDM-Gerät

• mindestens 3 verschiedene Manschettengrößen sollten verfügbar sein • nach Möglichkeit effektive Manschettenfixation am Oberarm • automatische Druckanpassung (obligat) • keine Pumpgeräusche • Artefaktrate der Messungen ≤ 5% • mindestens 4 Auswertphasen pro 24 Stunden (tagsüber, nachts, frühmorgens und 24 Stunden) • im Computerausdruck sollte die Anzahl der gemessenen bzw. ausgewerteten Blutdruckwerte angegeben sein; die Ergebnisse sollten in einem individuellen Befundbericht zusammengefasst sein

- *Reproduzierbar Blutdruckunterschiede* > 20 mmHg systolisch bzw. 10 mmHg diastolisch zwischen Praxis- und Selbstmessung.
- *Verdacht auf eine nächtliche Hypertonie bzw. mangelnde nächtliche Blutdruckabsenkung:* Die Prävalenz eines teilweise oder ganz aufgehobenen Tag-Nacht-Rhythmus bei unterschiedlichen Formen der sekundären Hypertonie beträgt ca. 75% (v. a. bei renalen und endokrinen Hochdruckformen). Hypertensive Diabetiker sind das größte Kollektiv mit gestörtem zirkadianen Blutdruckrhythmus. Zu Erkrankungen mit nächtlicher Hypertonie s. Tab. 5.5.
- *Verdacht auf eine zu starke nächtliche Blutdrucksenkung* mit der Gefahr für (stumme) zerebrale und kardiale Ischämien.
- Abklärung *krisenhafter Blutdruckanstiege.*

▶ **Therapiekontrolle während einer antihypertensiven Therapie:**

- *Unzureichende Blutdrucksenkung* (Praxis- oder Selbstmessung): Eine mittels ABDM gefundene deutliche Senkung des Blutdrucks ist fast immer als Therapieeffekt zu werten, während bei der GBDM so genannte „Pseudo-Plazeboeffekte" auftreten können. Bei der langfristigen Therapiekontrolle (> 5 Jahre) ist die ABDM der GBDM hinsichtlich der Verhinderung hypertoniebedingter Organschäden signifikant überlegen.
- *Schwer einstellbare Hypertonie.*
- *Ausreichende Senkung erhöhter nächtlicher BD-Werte?*
- *Fehlende Regression von Endorganschäden* nach 6–12 Monaten trotz guter Einstellung des Gelegenheitsblutdrucks.
- *Nebenwirkungen*, z. B. Schwindel, die durch die GBDM oder Blutdruckselbstmessung nicht geklärt werden können.

! ***Hinweis:*** Messungen zur Therapiekontrolle sollten unter möglichst gleichen Bedingungen erfolgen wie die Erstmessung ohne Medikation.

Tabelle 5.5 Mögliche Ursachen einer nächtlichen Hypertonie
· Diabetes mellitus, insbesondere mit Niereninsuffizienz und Proteinurie · Sekundäre Hochdruckformen, insbesondere renale Hypertonie · Schwere Hochdruckfolgeschäden, insbesondere renal · Herzinsuffizienz, Nierensuffizienz, Dialyse · Schlafapnoe-Sndrom · Z.n. Schlaganfall · Schwangerschaftshypertonie, Präeklampsie · Autonome Insuffizienz, Shy-Drager-Syndrom · Z.n. Herz- und Nierentransplantation · Höheres Lebensalter (> 70 Jahre) · Schichtarbeit

- **Aussage über das Wirkprofil von Arzneimitteln:** Die Langzeitmessung bietet verschiedene Möglichkeiten der Auswertung, die der so genannten „Through-to-Peak"-Analyse (S. 58) deutlich überlegen sind. Neben einer unterschiedlichen Beeinflussung von Ruheblutdruck und Blutdruck unter verschiedenen Arten individueller Belastung hat auch der Effekt auf nächtliche und frühmorgendliche Werte Bedeutung. Im Einzelfall kann geklärt werden, ob eine frühmorgendliche Medikamentengabe (Nachttischdosis) einer langwirksamen Substanz ausreicht und wann zusätzlich eine abendliche Medikation erforderlich ist.

! ***Hinweis:*** Die Phänomene Praxishypertonie und Praxisnormotonie werden auch unter antihypertensiver Therapie beobachtet, und zwar bei etwa 18 bzw. 12%. Das bedeutet, dass mindestens bei etwa 30% der Patienten eine Umstellung der medikamentösen Therapie aufgrund der ABDM-Ergebnisse erforderlich ist.

Durchführung

- Der Blutdruck wird entsprechend der Gelegenheitsmessung am **Oberarm** indirekt gemessen. Die Manschette sollte fest sitzen und ggf. vom Patienten wieder richtig fixiert werden.
- In der Regel wird am nicht dominanten Arm gemessen – falls keine signifikante Seitendifferenz vorliegt. Diese sollte bei jedem neuen Patienten mit der konventionellen Messung zuvor ausgeschlossen werden (S. 49). Wichtig ist auch für die ABDM die Auswahl der richtigen Manschettengröße.
- Die erste Messung sollte in der Klinik/Praxis erfolgen, um die Richtigkeit der Messung zu überprüfen und den Patienten zu instruieren, wie er sich bei der Messung zu verhalten hat: Der Arm muss während der Messung ruhig und locker am Körper herabhängen.
- Die Anzeige der Messergebnisse sollte ausgeschaltet werden (s. o.).
- Das Gerät sollte natürlich in der Nacht nicht ausgeschaltet werden.
- **Ursachen von Fehlmessungen:**
  - *Armbewegungen während der Messung*. Das Gerät wird dann automatisch nach ein bis drei Minuten eine erneute Messung durchführen. Wird also sehr häufig nachgemessen, weiß der Patient, dass er die Messbedingungen nicht optimal eingehalten hat
  - *Vorhofflimmern:* Hier ist die Messung nur sinnvoll, wenn mehrere Messungen zunächst in der Klinik/Praxis zeigen, dass eine korrekte Messung erfolgt (evtl. mit konventionellem Gerät simultan überprüfen).
- **Abstand der Messungen:** Die Messungen werden tagsüber (07.00 bis 22.00 Uhr) alle 15 Minuten und nachts (22.00 bis 07.00 Uhr) alle 30 Minuten durchgeführt. Die Geräte lassen sich entsprechend program-

mieren. Bei Schichtarbeit oder in anderen Ausnahmesituationen sind die Geräte individuell zu programmieren. Bei speziellen Fragestellungen kann ein drittes Messintervall (z. B. frühmorgens) sinnvoll sein, um einen überschießenden morgendlichen Blutdruckanstieg erfassen und therapeutisch beeinflussen zu können.

- Der Patient sollte unbedingt ein **Protokoll** erstellen, um bei Blutdruckspitzen, starkem Abfall oder nächtlichem Anstieg eine entsprechende Zuordnung vornehmen zu können.

Auswertung

- Zur Beurteilung der ABDM sind **mindestens 60 auswertbare Messungen pro 24 Stunden** notwendig. Abhängig von der Quote fehlerhafter Messungen wird ggf. eine höhere Zahl von automatischen Messungen erforderlich.
- Die Auswertung kann direkt nach Beendigung der Messung innerhalb von Minuten erfolgen. Dabei werden die **Mittelwerte und Standardabweichungen** (über 24 Stunden, am Tag und in der Nacht) von Blutdruck und Pulsfrequenz errechnet und ein grafisches Blutdruck- und Pulsprofil erstellt.
- Die Auswertung berücksichtigt **zunächst den durchschnittlichen Blutdruck** am Tage, nachts und über 24 Stunden.
- Das **Patientenprotokoll** berücksichtigen.
- Die **Normalwerte** liegen deutlich niedriger als bei der konventionellen Messung. Als obere Normgrenze für den Tagesmittelwert gilt 135/85 mmHg. Das entspricht einem Gelegenheitsblutdruck von 140/90 mmHg. Für den 24-Stunden-Mittelwert gilt ein Wert von 130/80 mmHg als obere Normgrenze; da normalerweise systolischer und diastolischer Blutdruck um ca. 10–15 mmHg in der Nacht abfallen, ergibt sich entsprechend ein oberer Nachtmittelwert von 120/75 mmHg (Tab. 5.6).

Tabelle 5.6 Normalwerte und Schweregrade für die ABDM

Normalwerte	
Tagesmittelwert	< 135/85 mmHg
Nachtmittelwert	< 120/75 mmHg
24h-Mittelwert	< 130/80 mmHg
Hypertonie-Schweregrade	
1 leichte Hypertonie	135–146/85–89 mmHg
2 mittelschwere Hypertonie	147–156/90–95 mmHg
3 schwere Hypertonie	> 157/> 96 mmHg

! *Hinweis:* Bei bettlägerigen Patienten bzw. bei vollständiger Inaktivität während des Messzeitraumes ist der Blutdruck erwartungsgemäß niedriger als unter normalen Alltagsbedingungen.

- **Anhand des Tagesmittelwertes** wird zunächst die Entscheidung getroffen, ob es sich um eine manifeste Hypertonie handelt, oder ob der Blutdruck normal ist. Der Schweregrad der Hypertonie kann ebenfalls anhand des Tagesmittelwertes bestimmt werden – entsprechend den Grenzen für die konventionelle Messung. Dabei ist zu berücksichtigen, dass diese abgeleiteten Blutdruckbereiche ebenfalls deutlich unter den Praxiswerten liegen. Die schwere Hypertonie beginnt in der ABDM z. B. bereits bei einem diastolischen Tagesmittelwert unter 96 mmHg und einem systolischen Wert von 157 mmHg (Tab. 5.6).
- Die **Auswertung nach der Häufigkeit** (Prozentwerte) erhöhter Werte (> 140/90 mmHg) ist **problematisch**, weil es hierfür keine akzeptierten Normwerte gibt. Man geht davon aus, dass bei ca. 25–30% erhöhter Werte über 24 Stunden eine manifeste Hypertonie vorliegt. Dabei ist zu bedenken, dass die Beziehung zwischen der Blutdruckhöhe und den Prozentwerten nicht linear ist; so führt eine gleich große Blutdruckänderung in Abhängigkeit von der Blutdruckhöhe zu verschiedenen Änderungen der Prozentwerte.
- **Völlig überflüssig** für den klinischen Alltag sind die **Histogramme**, die die Verteilung verschiedener Blutdruckkategorien darstellen.
- Die **Sichtauswertung des Blutdruckprofils** ist sehr wichtig, um zu entscheiden, ob ein normaler Tag-Nacht-Rhythmus vorliegt oder ob dieser Rhythmus gestört bzw. aufgehoben ist. Hiervon betroffen sind Patienten mit verschiedenen Erkrankungen (s. u.). Der normale nächtliche Blutdruckabfall beträgt ca. 10–15% systolisch und 15–20% diastolisch. Sehr hilfreich für die Sichtauswertung sind Geräte, die eine automatische Markierung der Nachtruhephase im Blutdruckprofil ermöglichen, wenn der Patient die Zeiten des Zubettgehens und Aufstehens mit einer entsprechenden Taste eingegeben hat.
- **Befundung, Befundbericht:** Neben der automatisierten, computerunterstützten Auswertung ist eine schriftliche, individuelle Beurteilung des Untersuchungsergebnisses durch den untersuchenden Arzt obligat. In einem Befundbericht sollten die wichtigsten Messdaten erfasst werden. Auffälligkeiten des zirkadianen Blutdruckrhythmus, wie fehlende oder zu starke nächtliche Absenkung, ein sehr steiler morgendlicher Blutdruckanstieg, sowie eine postprandiale Hypotension, sind zu vermerken. Hieraus ergeben sich evtl. diagnostische und therapeutische Empfehlungen, die auch dem Patienten erläutert werden müssen.

Zirkadianer Rhythmus des Blutdrucks

- **Physiologischer Rhythmus** (bei normotonen Personen und den meisten Patienten mit primärer [essenzieller] Hypertonie):
  - Der Blutdruck verläuft normalerweise über 24 Stunden in einem charakteristischen Tag-Nacht-Rhythmus mit den niedrigsten Werten gegen 3.00 Uhr nachts, einem steilen Blutdruckanstieg, insbesondere mit dem Aufwachen bis in den Vormittag, einer kleinen (physiologischen!) Absenkung gegen Mittag, gefolgt von einem Wiederanstieg am Nachmittag und Abend. Dabei zeigen sich zwei Blutdruckgipfel gegen 9.00 Uhr und ein kleinerer gegen 19.00 Uhr. Fluktuationen von 20 mmHg und mehr sind physiologisch!
  - ! ***Merke:*** Daraus wird ersichtlich, wie wichtig die Berücksichtigung der Tageszeit bei der Blutdruckmessung ist, insbesondere auch zur Beurteilung der Wirksamkeit einer antihypertensiven Therapie.
  - Eine Umstellung der Schlaf- und Wachphasen, z. B. bei Schichtarbeit, führt auch zu einer entsprechenden Veränderung der Blutdruckrhythmik. Die rasche Umkehr des Tages- und Nachtrhythmus belegt, dass die zirkadiane Rhythmik hauptsächlich durch den Wechsel von Arbeit und Entspannung, bzw. Wach- und Schlafphase bestimmt wird. Eine mögliche endogene Rhythmik wird offensichtlich durch exogene Faktoren, d. h. von der Alltagsaktivität und von Ruhephasen vollständig maskiert.
  - Parallel zum Blutdruckabfall im Schlaf kommt es auch zu einem Absinken der Herzfrequenz als sicherer Ausdruck der Ruhephase.
  - Die zirkadiane Blutdruckrhythmik mit nächtlichem Blutdruckabfall und schnellem morgendlichen Blutdruckanstieg ist wegen des gehäuften Auftretens kardio- und zerebrovaskulärer Ereignisse am Morgen von besonderer Bedeutung. Der Tagesgipfel für Herzinfarkte, plötzlichen Herztod, zerebrovaskulären Ischämien und andere vaskuläre Ereignisse gegen 9.00 Uhr morgens fällt zusammen mit dem morgendlichen Blutdruckgipfel.
  - Besonders deutlich wird dieser Zusammenhang, wenn der Zeitpunkt des Erwachens zugrunde gelegt wird: Kurz nach dem Aufwachen kommt es zu einer massiv gesteigerten Anzahl von Myokardischämien und anderen kardio- und zerebrovaskulären Ereignissen, zeitgleich mit dem steilsten Blutdruckanstieg im Laufe des Tages. Neben dem Blutdruck- und Herzfrequenzanstieg kommt es in den Morgenstunden auch zu gravierenden hämorheologischen Veränderungen, wie erhöhte Plasmaviskosität und Thromozytenaggregation und verminderte Fibrinolyse. Sowohl die hämodynamischen als auch die hämorheologischen Aktivitätssteigerungen sind Folge des erhöhten Sympathikotonus am Morgen.

- **Abweichungen vom physiologischen Rhythmus:**
  - Eine mangelnde nächtliche Blutdrucksenkung („non dipping") trotz Absinkens der Herzfrequenz oder sogar ein Blutdruckanstieg ist ein sicheres Zeichen für eine bereits vorliegende sekundäre Hochdruckform oder schwere Endorganschäden. Dann muss die Stufendiagnostik entsprechend erweitert werden.
  - Auch in höherem Lebensalter wird häufiger eine Abschwächung des Tag-Nacht-Rhythmus beobachtet.

Prognostische Aspekte

- Die ABDM hat eine engere Korrelation zur linksventrikulären Hypertrophie und zu weiteren kardiovaskulären Komplikationen und Folgeschäden als die in der Praxis gemessenen Blutdruckwerte.
- Patienten mit nächtlicher Hypertonie weisen aufgrund einer erhöhten Inzidenz an hochdruckbedingten Organschäden und kardiovaskulären Ereignissen eine schlechtere Prognose auf.
- Inzwischen liegen mindestens sechs prospektive Studien vor, die alle zeigen, dass die ABDM eine bessere Risikoabschätzung ermöglicht als die konventionelle Gelegenheitsblutdruckmessung. Das überrascht nicht, da bei alleiniger Berücksichtigung der GBDM Patienten mit Praxishypertonie unnötig behandelt werden bzw. Patienten mit Praxisnormotonie nicht ausreichend behandelt werden, und eine nächtliche Hypertonie nicht erkannt und entsprechend therapiert wird.
- Neben dem mittleren Blutdruck über 24 Stunden bzw. tagsüber und dem nächtlichen Blutdruck kommen auch dem morgendlichen Blutdruckanstieg, intermittierende Blutdruckspitzen bzw. der Blutdruckvariabilität prognostische Aussagekraft zu.

! ***Fazit:*** Die Blutdruck-Langzeitmessung ermöglicht derzeit insgesamt die beste Abschätzung des kardio- und zerebrovaskulären Risikos und korreliert besser als die GBDM mit folgenden Parametern:
  - Hypertensive Endorganschäden.
  - Linksventrikluäre Masse/Wanddicke.
  - Nächtliche Myokardischämie.
  - Arterielle Wandstärke, Intima-Media-Dicke.
  - ZNS-Schäden, stumme Mediainfarkte.
  - Nierenfunktion/Proteinurie.
  - Retinopathie.

Therapeutische Aspekte

- **24-Stunden-Wirkung einer antihypertensiven Therapie:**
  - Mittels ABDM gelingt es beim einzelnen Patienten, die 24-Stunden-Wirkung eines Antihypertensivums verlässlich zu überprüfen. Dabei

zeigt sich, dass nicht alle antihypertensiven Substanzen in gleicher Weise nach morgendlicher Einmaldosierung eine ausreichende Blutdrucksenkung über das gesamte 24-Stunden-Dosierungsintervall entfalten. Leider liegen immer noch kaum vergleichende Studien mit verschiedenen Antihypertensiva vor, die mittels ABDM die 24-Stunden-Wirkung exakt untersuchen. Erfreulicherweise setzt sich gerade bei neueren Substanzen die Prüfung mittels ABDM durch.

- Das sog. *Through-to-peak-Verhältnis* ist als Parameter für die 24-Stunden-Wirkung von minderer Bedeutung im Vergleich zu anderen Parametern, die aus der ABDM abgeleitet werden können. Beim individuellen Patienten kann auf zusätzliche Parameter völlig verzichtet werden. Hier zeigt ein Vergleich der Mittelwerte und Standardabweichungen vor und unter Behandlung sowie die Sichtauswertung der zirkadianen Blutdruckkurve, ob die antihypertensive Therapie über mindestens 24 Stunden auch am Ende des Dosierungsintervalls am nächsten Morgen („trough") wirksam ist, ohne den Blutdruck zum Zeitpunkt des Wirkungsmaximums („peak") zu stark zu senken.

▶ **Überschießender morgendlicher Blutdruckanstieg** → Vorverlagerung des Einnahmezeitpunkts (z. B. mit dem Aufstehen) und Verordnung einer langwirksamen Substanz.

▶ **Fehlender nächtlicher Blutdruckabfall** → in der Regel ist auch eine abendliche Gabe der blutdrucksenkenden Medikation notwendig, um die erhöhten nächtlichen Blutdruckwerte effektiv zu senken.

▶ **Inversion des zirkadianen Blutdruckprofils** (höhere Werte in der Nacht als am Tage), meist liegen eine schwere Hypertonieform und häufig eine eingeschränkte Nierenfunktion vor → in der Regel ist eine Mehrfachkombinationen abends und morgens notwendig, um eine ausreichende Blutdrucksenkung zu erzielen. Der Therapieerfolg kann nur mittels ABDM dokumentiert werden.

▶ Bei **Messungen zur Therapiekontrolle** sollte auf einen etwa gleichen Tagesablauf wie bei einer eventuellen Erstmessung geachtet werden. Die Therapiekontrolle mittels ABDM erfasst sowohl eine Überbehandlung als auch eine nicht ausreichende antihypertensive Therapie. Ca. 15–30% der Patienten, bei denen aufgrund erhöhter Praxisblutdruckwerte die Indikation zur Therapieintensivierung gestellt wurde, benötigen aufgrund normotoner Werte aus der ABDM keine zusätzliche antihypertensive Therapie. Andererseits zeigen ca. 15% der Patienten normale Praxiswerte unter Therapie, aber noch erhöhte Werte in der ABDM. Diese Befunde könnten die Beobachtung erklären, dass einige Patienten trotz normotoner Praxiswerte hypertensive Organschäden aufweisen.

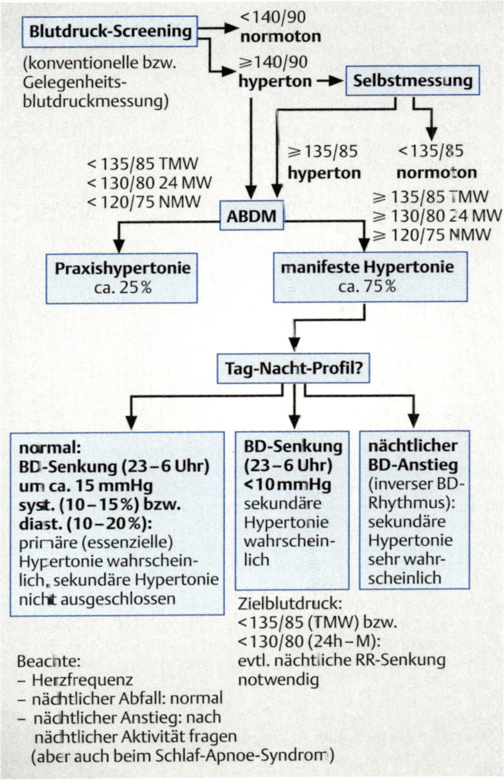

Abb. 5.6 ABDM, GBDM und Blutdruckselbstmessung in der Diagnostik der manifesten Hypertonie und in der Therapieentscheidung

! ***Merke:***

- Eine optimale antihypertensive Therapie mit individueller Anpassung der Dosis und insbesondere der Dosierungsintervalle und Einnahmezeiten ist nur mit der Blutdruck-Langzeitmessung zu verwirklichen.
- Insbesondere Diabetiker und Patienten mit eingeschränkter Nierenfunktion, die in besonderem Maße von einer sehr guten Blutdruckeinstellung profitieren, sollten mittels ABDM exakt eingestellt und überwacht werden.

Ergometrie und Belastungshypertonie

Grundlagen

- **Prinzip:** Während einer reproduzierbaren, standardisierten körperlichen Belastung wird das Blutdruckverhalten erfasst. Die besten Daten zur Belastungshypertonie liegen für eine submaximale Belastung (bis 100 Watt) auf dem Fahrradergometer vor. Durch die standardisierte Belastung ist eine sehr gute Vergleichbarkeit der Blutdruckwerte gewährleistet.
- **Physiologischer Verlauf:** Unter dynamischer körperlicher Belastung steigt der systolische Blutdruck kontinuierlich als Folge eines erhöhten Schlagvolumens an, während der diastolische Blutdruck konstant bleibt oder nur gering ansteigt. Erst bei maximaler Belastung steigt auch auf dem Ergometer der diastolische Blutdruck an, weil die Maximalleistung eine isometrische Muskelkontraktion erfordert, die zu einer starken Zunahme des peripheren Gefäßwiderstands führt.
- **Indikation:** Die Belastungsuntersuchung wird von den Fachgesellschaften noch nicht als Routineuntersuchung bei allen Hypertoniepatienten empfohlen. Im Einzelfall kann die Belastungsuntersuchung aber wichtige zusätzliche Hinweise liefern, die evtl. auch eine Therapieentscheidung erleichtern.

! ***Hinweis:*** Da die Ergometrie bei uns nach wie vor einen sehr hohen Stellenwert sowohl in der Diagnostik der koronaren Herzkrankheit als auch bei anderen Indikationen und in der Leistungsbeurteilung hat, sollte der Blutdruck bei jeder Ergometrie sorgfältig gemessen und bewertet werden.

Normwerte

- Die **Deutsche Hochdruckliga** empfiehlt für Männer und Frauen im mittleren Lebensalter eine **obere Normgrenze von 200/100 mmHg** im submaximalen Bereich bei 100 Watt. Die Beurteilung des Blutdrucks bei maximaler Leistung ist weniger aussagekräftig (Messung und Bewertung insbesondere des diastolischen Blutdrucks schwierig, überschießende Reaktion wegen des hohen Kraftanteils sehr häufig, keine prognostische Wertigkeit). Insbesondere bei älteren und untrainierten Patienten, die keine 100 Watt erreichen, wird der Blutdruck auf einer niedrigeren Belastungsstufe beurteilt.

- In den **europäischen Leitlinien** steht: Ein Anstieg des systolischen Belastungsdrucks > 200 mmHg während der ersten 6 Minuten auf dem Fahrradergometer sagt eine Verdopplung der kardiovaskulären Mortalität bei Männern mittleren Alters voraus.

! ***Hinweis:*** Die bisherigen Untersuchungen zu den Normwerten erscheinen aufgrund der Einengung auf das mittlere Lebensalter und die Bevorzugung der Männer unzureichend. Die klinische Erfahrung lehrt, dass eine Normgrenze von 200/100 mmHg für alle Altersgruppen zu hoch ist!

- Die Empfehlungen aus einer aktuellen deutschen Untersuchung (mit 1200 Probanden im Alter von 12 bis 88 Jahren) erscheinen sehr brauchbar. Sie orientiert sich am Belastungswert der Perzentile (Prozentrang eines Messwertes in einer Verteilung) für den Ruheblutdruck von 140/90 mmHg als oberen Normwert für alle Altersklassen. Die Bestimmung des Belastungsblutdrucks (bei 100 Watt) bei der jeweiligen Perzentile für den Ruheblutdruck von 140/90 mmHg zeigte keine altersabhängige Zunahme des Belastungsblutdrucks. Die Autoren empfehlen anhand ihrer Untersuchungen **180 mmHg als obere Normgrenze für den systolischen Belastungsblutdruck bei 100 Watt über alle Altersstufen** zu verwenden. Damit zeigt sich auch bei der Belastungshypertonie eine Tendenz zu niedrigeren Normalwerten, entsprechend der Entwicklung bei den Ruheblutdruckwerten. Die europäischen Empfehlungen haben diese Untersuchung bereits in ihrer neuesten Ausgabe berücksichtigt.

! ***Hinweis:*** Zur Interpretation und Therapie einer Belastungshypertonie, siehe S. 27.

Telemetrisches Blutdruckmonitoring

- **Prinzip:** Die vom Patienten selbst gemessenen Blutdruckwerte werden telemetrisch zum betreuenden Arzt/Institution übertragen. Die Telemetrie ist ein vielversprechendes Instrument, um die dauerhafte Blutdruckeinstellung und Compliance zu verbessern. Diese „virtuelle Hypertonieklinik“ ermöglicht eine bessere Überwachung und erspart zusätzliche Arztbesuche.
- **Indikationen:** Ziel ist die Überprüfung der Therapietreue und Blutdruckeinstellung zwischen zwei Arztbesuchen, wobei insbesondere Patienten mit schwer einstellbarer Hypertonie und Risikopatienten

(z. B. bei Herzinsuffizienz, in der Schwangerschaft oder nach einem Schlaganfall) profitieren. Häufig lässt die Medikamenteneinnahme nach einem Arztbesuch nach, der Blutdruck geht dementsprechend hoch, und fällt erst wieder nach konsequenter Einnahme vor dem nächsten Arztbesuch. Die Blutdrucksituation zwischen zwei Arztbesuchen bleibt dabei gewöhnlich im Dunkeln. Die Praxismessung vermittelt dem behandelnden Arzt in dieser Situation evtl. ein völlig falsches Bild der tatsächlichen Blutdrucksituation außerhalb der Praxis unter Alltagsbedingungen.

- **Limitationen der BD-Selbstmessung:**
  - Technische Probleme, z. B. mangelnde Qualität der Geräte und fehlerhafte Handhabung durch die Patienten.
  - Mangelhafte Zuverlässigkeit der Patienten bei der Dokumentation: Die Patienten sollen ihre Selbstmesswerte in einen Blutdruckpass eintragen. Hierbei kommt es aber willentlich oder auch unbewusst zu vielfältigen Fehlern – in nur rund 75% stimmen die dokumentierten Blutdruckwerte (Zeitpunkt und Höhe) mit den gespeicherten Daten überein. Insbesondere bei Patienten mit schlecht eingestellter Hypertonie treten Dokumentationsfehler auf.

  ! ***Beachte:*** Es besteht die Gefahr der fehlerhaften Klassifikation von Normotonie bzw. Hypertonie. Aus den Selbstmesswerten dürfen keine falschen Schlussfolgerungen für die Therapie gezogen werden!

- **Geräte:** Die Empfehlung der internationalen Fachgesellschaft, für die Selbstmessung bevorzugt Geräte mit Ausdruck der Werte oder mit Memory-Funktion zu verwenden, ist konsequent und richtig. Besonders vorteilhaft sind Systeme, die neben der Datenspeicherung auch Erinnerungshilfen zur Blutdruckmessung und Medikamenteneinnahme bieten. Folgende Forderungen sind heute an ein optimales Gerät zur Blutdruckselbstmessung und telemetrischen Überwachung zu stellen:
  - Klinisch validierte, hohe Messgenauigkeit.
  - Automatische Speicherung von ca. 250–300 Blutdruckdaten.
  - Möglichkeit der statistischen Auswertung (Mittelwerte, Minima, Maxima).
  - Akustische und/oder optische Erinnerungshilfen zur Blutdruckmessung und Medikamenteneinnahme.
  - Automatische, regelmäßige, telemetrische Übertragung der Daten und Überwachung durch den Hausarzt oder ein medizinisches Kompetenzzentrum.
  - Möglichkeit zur Intervention über das telemetrische Übertragungssystem bei mangelnder Compliance oder schlechter Blutdruckeinstellung.

- **Datenübertragung:** Alle vom Patienten gemessenen Blutdruck- und Herzfrequenzdaten werden elektronisch gespeichert und in regelmäßigen Abständen über eine normale Telefonleitung oder über Mobilfunk an den Arzt, die Klinik oder ein Kompetenzzentrum weitergeleitet. Unabhängig von der automatischen Datenübertragung kann der Patient zusätzlich die Daten manuell übertragen, wenn dies in bestimmten Situationen erforderlich erscheint: z. B. Beschwerden im Zusammenhang mit einer vermuteten hypertensiven Krise oder einer symptomatischen Hypotension.
- **Auswertung:** Die Daten werden in Abhängigkeit vom vorgegebenen Zielblutdruck und unter Berücksichtigung der aktuellen Therapie individuell ausgewertet.

! ***Fazit:*** Die Telemetrie

- schließt die „Kontroll-Lücke" zwischen zwei Arztbesuchen.
- ermöglicht eine schnellere und intensivere Anpassung der Therapie bei unzureichend eingestellten Hypertonikern.
- verbessert die Medikamenten-Compliance der Patienten.
- ermöglicht insgesamt eine bessere Blutdruckkontrolle, Behandlungssituation und Therapietreue (Abb. 5.7) ohne zusätzliche Arztbesuche.

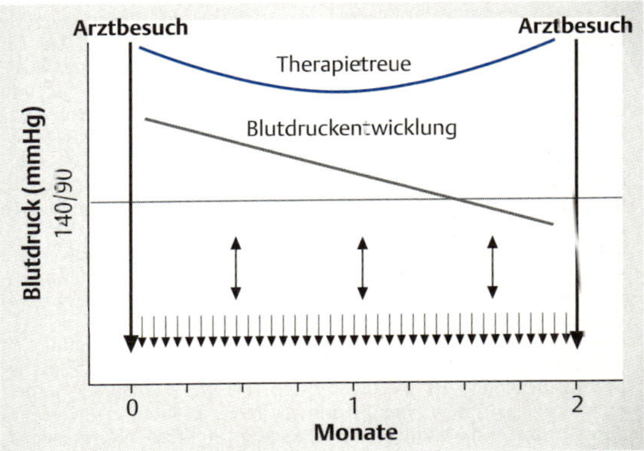

Abb. 5.7 Potenzieller Effekt der telemedizinischen Blutdrucküberwachung auf Compliance und Blutdruckniveau

6 Primäre Hypertonie

6.1 Primäre oder essenzielle Hypertonie?

- Die Frage *Primäre oder essenzielle Hypertonie?* ist kein wirklicher Widerspruch. Aber die verschiedenen Begriffe sind mit einer unterschiedlichen Sichtweise verbunden.
- Mit dem Begriff *essenzielle Hypertonie* wird immer noch die Vorstellung verbunden, dass die eigentlichen Ursachen nicht bekannt sind. Diese Sichtweise ist antiquiert und insbesondere im Hinblick auf die betroffenen Patienten und einen individuellen therapeutischen Ansatz kontraproduktiv, und sollte deshalb verlassen werden.

! ***Merke:*** Die Formel *„essenzielle Hypertonie = Ursache unbekannt“* kann heute durch die Formel *„primäre Hypertonie mit vielen bekannten Faktoren“* ersetzt werden.

- Als ein sehr wichtiges und häufiges Beispiel sei die Adipositas genannt (siehe auch S. 73): Übergewicht, insbesondere in der Kombination mit Bewegungsmangel, sind in der modernen Gesellschaft wahrscheinlich die häufigsten Faktoren, die über relativ gut bekannte Pathomechanismen zur Manifestation einer Hypertonie führen. Gewichtsabnahme und Steigerung der körperlichen Aktivität sind deshalb auch die effektivsten blutdrucksenkenden Maßnahmen für übergewichtige Hypertoniker. In ausreichendem Maß umgesetzt können sie zur Blutdrucknormalisierung führen. Man könnte überspitzt formulieren, dass die Adipositas die häufigste *sekundäre* Hochdruckform ist, von der ungefähr die Hälfte der Patienten mit (primärer) Hypertonie betroffen sind, wenn der Begriff sekundäre Hypertonie für die Bezeichnung einer monokausalen Hypertonieform gebraucht wird. Der Begriff sekundäre Hypertonie ist jedoch noch – mit Recht – reserviert für die organisch bedingten endokrinen, renalen u. a. Hochdruckformen (S. 81).

! ***Merke:*** Wenn der Begriff *sekundäre Hypertonie* für die bekannten Hochdruckformen verwendet wird, ist es konsequent, auch von einer *primären Hypertonie* zu sprechen, und den Begriff essenziell zu verlassen.

- Essenziell hat ja leider auch den Beigeschmack einer Notwendigkeit und eines genuinen Charakters. Nach Jahrzehnten erfolgreicher Hypertonieforschung ist es angemessen, diesen „nebulösen“ Begriff durch den „positiven“ Begriff primäre Hypertonie zu ersetzen, mit dem Anspruch, die häufigsten und wichtigsten Faktoren und Mechanismen der Hypertonieentstehung erkannt zu haben.

- **Ist die primäre Hypertonie eine reine Ausschlussdiagnose – nach Ausschluss sekundärer Hypertonieformen? Nein!** Auch hierfür ist die Adipositas ein gutes Beispiel. Bei einem adipösen, untrainierten Hypertoniker ist die Wahrscheinlichkeit, dass die Gewichtszunahme und mangelnde körperliche Aktivität alleinige Ursache der Hypertoniemanifestation ist, sehr groß – unabhängig von dem zugrunde liegenden Pathomechanismus.
- ! ***Hinweis:*** Die konservative Definition der essenziellen (primären) Hypertonie heißt, dass eine sekundäre Hypertonieform ausgeschlossen worden ist. Es gibt aber durchaus auch den Ansatz, die primäre Hypertonie als solche zu erkennen und den auslösenden Faktor zu benennen (z. B. bei der Adipositas oder chronischem Stress).
- Trotzdem muss natürlich auch z. B. beim adipösen Hypertoniker mittels diagnostischem Basisprogramm nach einer anderen, oder zusätzlichen sekundären Hypertonieform gefahndet werden

Epidemiologie

- **Prävalenz:** Bei ca. 90% der Hypertoniker liegt eine primäre Hypertonie vor. Die Prävalenz der primären Hypertonie nimmt in den letzten Jahren stetig zu. Als Hauptursache hierfür werden die Zunahme des Übergewichts und der Bewegungsmangel in der Gesellschaft verantwortlich gemacht (S. 73).
- **Beginn:** Die primäre Hypertonie beginnt häufig zwischen dem 30. und 50. Lebensjahr mit einer leichten, vorwiegend diastolischen Blutdruckerhöhung als *isolierte diastolische Hypertonie* (IDH, S. 16). Dieser Beginn wird allerdings sehr häufig in der Praxis nicht erfasst, da er in der Regel klinisch stumm verläuft. Später entwickelt sich bei diesen Patienten in der Regel eine *kombinierte diastolisch-systolische Hypertonie*. Die primäre *isolierte systolische Hypertonie* (ISH, S. 11) beginnt im fortgeschrittenen Alter (> 65 Jahre), eine Ausnahme ist die primäre isolierte systolische Hypertonie z. B. im Rahmen einer Aorteninsuffizienz, die auch schon in früheren Jahren auftreten kann.
- ! ***Merke:*** Ca. 40% der primären Hypertonien beginnen als IDH im mittleren Alter, ca. 60% beginnen als ISH im höheren Alter.
- **Geschlechtsverhältnis:** Bei der IDH liegt der Anteil der Frauen bei 35%, bei der ISH bei 65% und bei der systolisch-diastolischen Hypertonie bei 40%.

6.2 Pathophysiologische Hintergründe der primären Hypertonie

Sympathisches Nervensystem

- In der Pathogenese der Hypertonie spielt das sympathische Nervensystem eine ganz überragende Rolle. Dies wird auch durch die große Bedeutung der Hemmer dieses Systems in der Hypertonietherapie bestätigt, insbesondere der β-Rezeptor-Antagonisten („β-Blocker", S. 149). Aber auch ACE-Hemmer (S. 145) und AT_1-Blocker (S. 147) wirken u. a. über eine Herabsetzung der sympathischen Aktivität.
- Eine gesteigerte Aktivität des sympathischen Nervensystems findet sich bei der primären Hypertonie insbesondere in der Frühphase (häufig verbunden mit einer erhöhten Herzfrequenz). Sie ist ein wichtiger Pathomechanismus im Zusammenspiel mit verschiedenen Manifestationsfaktoren, wie z. B. der Adipositas (S. 73), chronischem Stress (S. 77) und Alkoholabusus (S. 76).
- **Wirkungen:** Ein erhöhter Sympathikotonus konnte an Herz, Nieren und Skelettmuskulatur nachgewiesen werden. Hieraus resultiert in der frühen Hypertoniephase eine Erhöhung von Herzfrequenz, Herzminutenvolumen und Gefäßwiderstand.

! ***Hinweis:*** Adrenalin wird bei der primären Hypertonie als Kotransmitter im Herzen freigesetzt und trägt über die Stimulation präsynaptischer β-Adrenozeptoren zu einer erleichterten Freisetzung und gesteigerten Ausschüttung des Haupttransmitters Noradrenalin bei.

! ***Hinweis:***
- Eine gesteigerte sympathische Aktivität wird insbesondere bei der Hypertonie infolge von Übergewicht (S. 73), Bewegungsmangel (S. 73), Stress (S. 77) und besonderer Persönlichkeits- und Verhaltensweisen (S. 79) gefunden.
- Eine erhöhte Katecholaminausscheidung am Tage konnte bei Patienten mit reiner Praxishypertonie (noch ohne manifeste Hypertonie in der ABDM) nachgewiesen werden. Die Praxishypertonie (S. 19) ist sehr häufig ein Vorläufer der manifesten Hypertonie.

Renin-Angiotensin-Aldosteron-System (RAAS)

! ***Beachte:*** Die Rolle des RAAS in der Pathogenese und Aufrechterhaltung der primären Hypertonie ist umstritten!

! ***Hinweis:***
- Es besteht eine komplexe Wechselwirkung zwischen dem RAAS, dem Wasser- und Salzhaushalt, dem sympathischen Nervensystem,

und anderen Faktoren wie Endothelin, Prostaglandinen und dem Kaliumstoffwechsel.

- Das RAAS hat aber eine ganz überragende Bedeutung für die Hypertonieentstehung bei renaler Ischämie, Nierenarterienstenose, dem Hyponatriämie-Syndrom, dem primären Hyperaldosteronismus und dem Reninom.

▶ **Wirkungen von Renin:** Renin wird in der Niere produziert und prinzipiell zur Aufrechterhaltung des Extrazellulär- und Blutvolumens oder des lokalen Blutflusses freigesetzt. Renin bewirkt als Protease die Umwandlung von Angiotensinogen in Angiotensin I. Die Reninsekretion wird bei Expansion des Extrazellulär- und Blutvolumens durch Vasokonstriktoren (z. B. Angiotension II oder Endothelin) inhibiert.

▶ **Reninaktivität bei primärer Hypertonie:** Nur ein kleiner Prozentsatz der Patienten mit primärer Hypertonie, insbesondere in jüngeren Jahren, hat eine im Vergleich zu normotensiven Kontrollen erhöhte Plasma-Renin-Aktivität. Bei diesen Patienten ist die erhöhte Aktivität aber eher die Folge einer gesteigerten sympathischen Aktivität: Über Stimulation renaler β-Adrenozeptoren kommt es zur Erhöhung der Reninsekretion. Die meisten Patienten mit primärer Hypertonie haben niedrige oder normale Reninaktivitäten. Die altersabhängige Abnahme der Reninaktivität ist bei Hypertonikern sogar beschleunigt, und die Antwort auf verschiedene Stimuli (z. B. Diuretika) im Vergleich zu Normotensiven vermindert. Zwischen systolischem Blutdruck und der Reninaktivität besteht sogar eine negative Beziehung.

! ***Hinweis:*** Hypertensive Afro-Amerikaner haben eine niedrigere Reninaktivität als weiße Hypertoniker. Hier bestehen enge Wechselwirkungen zwischen dem Salzhaushalt, der Salzsensitivität und dem RAAS. Die Vorstellung ist, dass die heutigen schwarzen Amerikaner eine besondere genetische Selektion darstellen; sie sind besonders in der Lage, Salz und Wasser zu konservieren bzw. zu retinieren. Zu Zeiten des Sklavenhandels war dies wahrscheinlich ein Überlebensvorteil, da bei der Schiffspassage von Afrika nach Amerika häufig ein extremer Wassermangel herrschte, der vielen Sklaven das Leben gekostet hat. Hier liegt wahrscheinlich die Ursache für die *„Low-renin-Hypertonie"* der Afroamerikaner.

▶ **Wirkungen von Angiotensin II:** Siehe Abb. 6.1.

- Vasokonstriktion: Angiotensin II ist wohl der stärkste endogene Vasokonstriktor.
- Stimulation der Aldosteronsynthese und -sekretion (s. u.).
- Vermehrte tubuläre Natriumrückresorption (indirekt über Aldosteron, aber auch direkt).
- Steigerung des Durstgefühls.

- Erhöhung der ADH-Freisetzung.
- Erhöhung der zerebralen sympathischen Aktivität.
- Stimulation des kardialen und vaskulären Zellwachstums (Hypertrophie und Hyperplasie) über eine Aktivierung des AT_1-Rezeptors und über eine indirekte Stimulation von Zytokinen und Wachstumsfaktoren.

! ***Hinweis:*** Die Stimulation des AT_2-Rezeptors antagonisiert z. T. die durch den AT_1–Rezeptor vermittelten Effekte und führt zur Vasodilatation und Inhibition von Wachstum und Zelldifferenzierung. Die physiologische Funktion des AT_2-Rezeptors im erwachsenen Organismus ist unklar. Er spielt wahrscheinlich eine wichtige Rolle in Stresssituationen wie Ischämie, Gefäßverletzungen und -schäden. Wird ein AT_1-Rezeptor-Blocker (ARB) verabreicht, so steigt Renin als Folge der unterbrochenen Rückkopplung durch Angiotensin II an. Hierdurch wird vermehrt Angiotensin II gebildet, welches nun ver-

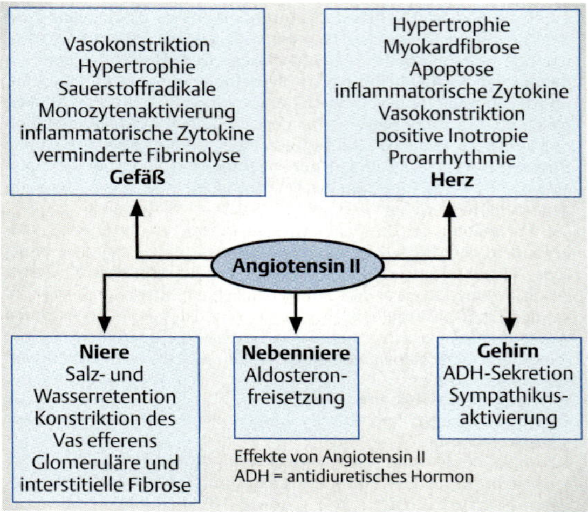

Abb. 6.1 Effekte von Angiotensin II

mehrt über den AT_2-Rezeptor wirken kann, und zur Vasodilatation und Wachstumshemmung führt.

- Die lokale Produktion von Angiotensin II in verschiedenen Organen und Geweben, wie Gehirn, Herz und Blutgefäße wird durch das Angiotensin Converting Enzyme (ACE) und andere Enzyme (Chymasen) kontrolliert. Eine Aktivierung der lokalen Renin-Angiotensin-Systeme und alternativer Wege der Angiotensin-II-Produktion sind wahrscheinlich für die typischen hypertensiven Organschäden, wie linksventrikuläre Hypertrophie, Apoplexie, Herzinfarkt, Niereninsuffizienz und Arteriosklerose verantwortlich.
- **Wirkungen von Aldosteron:** Aldosteron hat neben seinen lange bekannten Eigenschaften als Mineralokortikoid (Salz- und Wasserretention) über lokale Bindungsstellen am Herzen und den Gefäßen einen stimulierenden Effekt auf intra- und perivaskuläre Fibrose und interstitielle Fibrosebildung am Herzen. **Zum Hyperaldosteronismus** s. S. 90.

! ***Hinweis Antihypertensive Therapie mit „Angriffsort" RAAS:*** Das RAAS ist ein wichtiger Angriffsort für sehr effektive antihypertensive Substanzen wie ACE-Hemmer (S. 145) und AT_1-Rezeptor-Blocker (S. 148), z. T. auch β-Blocker (S. 149). Andererseits führen aber auch Diuretika (S. 153) und eine starke Einschränkung der Kochsalzzufuhr zu einer deutlichen Blutdrucksenkung bei Hypertonikern, obwohl sie gleichzeitig das RAAS stimulieren. Theoretisch könnte eine antihypertensive Therapie individuell nach der Reninaktivität optimiert werden, z. B. Diuretika für Hypertoniker mit niedrigem Renin und ACE-Hemmer oder AT_1-Rezeptor-Blocker für Patienten mit erhöhtem Renin. Praktisch zeigt sich aber, dass Alter und ethnische Gruppierung (in der amerikanischen Bevölkerung) eine bessere Vorhersage der Blutdruckantwort auf verschiedene Antihypertensiva ermöglichen als Renin. Tatsächlich blockieren ACE-Hemmer und AT_1-Rezeptor-Blocker nicht nur das RAAS, sondern haben auch eine deutliche symathikolytische Wirkung. Dieser duale Wirkmechanismus begründet wahrscheinlich ihre Effektivität.

- **Fazit:** Das RAAS ist das wichtigste System für die Aufrechterhaltung des Wasser- und Elektrolythaushaltes und neben dem sympathischen Nervensystem für die Blutdruckregulation verantwortlich. Seine Rolle in der Pathogenese der primären Hypertonie ist umstritten (nur ein kleiner Anteil der Patienten hat eine erhöhte Renin-Plasmaaktivität), es hat aber eine überragende Bedeutung bei der Entstehung der sekundären Hypertonie. Das Haupteffektorpeptid ist Angiotensin II., der wohl stärkste endogene Vasokonstriktor.

Weitere

- **Endotheliale Dysfunktion:** Die NO(Stickoxid)-vermittelte Vasodilatationskapazität des Endothels und der NO-vermittelte Anteil am Ruhetonus der Gefäße ist bei Patienten mit primärer Hypertonie gestört.
- **Zellmembranöse Dysfunktion:** Eine Störung des transmembranösen Transportsystems für Elektrolyte (Na/K-Pumpe, Na/K/Cl-Kotransport, Na/Li- und Na/H-Gegentransport) wird seit langem als ein möglicher pathogenetischer Faktor bei der Entstehung der primären Hypertonie diskutiert. Aufgrund widersprüchlicher Befunde ist diese Vorstellung nach wie vor hypothetisch.

6.3 Pathogenese der primären Hypertonie

- Die alte stereotype Lehrbuchaussage, die Ursache der „essenziellen" Hypertonie sei nicht bekannt, kann so heute nicht mehr akzeptiert werden. Tatsächlich sind heute die wichtigsten und häufigsten Faktoren, die zur Manifestation der Hypertonie führen aufgeklärt (s. u.).
- Es gibt nicht die eine Hypertonieursache. Tatsächlich sind es viele verschiedene Faktoren, die zum Blutdruckanstieg und zur primären Hypertonie führen können.
- Im Folgenden werden die bekannten klinisch relevanten Faktoren besprochen, die zur Manifestation einer primären Hypertonie beitragen können und die bei der Mehrzahl der Patienten nachweisbar sind.

! ***Hinweis:*** Die primäre Hypertonie ist eine multifaktorielle Regulationsstörung. Die Vorstellung, dass einige wichtige Gene die endgültige Lösung des Rätsels bringen werden, ist eine unzulässige Vereinfachung, die der komplexen Natur der Hypertonie widerspricht.

- Häufig liegt der primären Hypertonie eine polygenetische Prädisposition (S. 70) zugrunde (= *familiäre Hypertonie*). Treten im Erwachsenenalter andere Faktoren (sog. *Manifestationsfaktoren*, S. 72) dazu, kommt es zur Manifestation der Hypertonie.

! ***Merke:*** Die primäre Hypertonie entwickelt sich aus einem Zusammenspiel aus **genetischer Prädisposition** und verschiedenen **exogenen Faktoren**, die aus subjektivem Verhalten (z. B. ungesunde Ernährung, Bewegungsmangel, Übergewicht), aus Reaktionen auf psychosoziale Faktoren und chronischen Stress oder aus Umweltbelastungen (z. B. Lärmexposition) bestehen.

- Die verschiedenen Faktoren können in individuell sehr unterschiedlicher Ausprägung zur Hypertonie führen. Abb. 6.2 zeigt die Hauptfaktoren der primären Hypertonie.

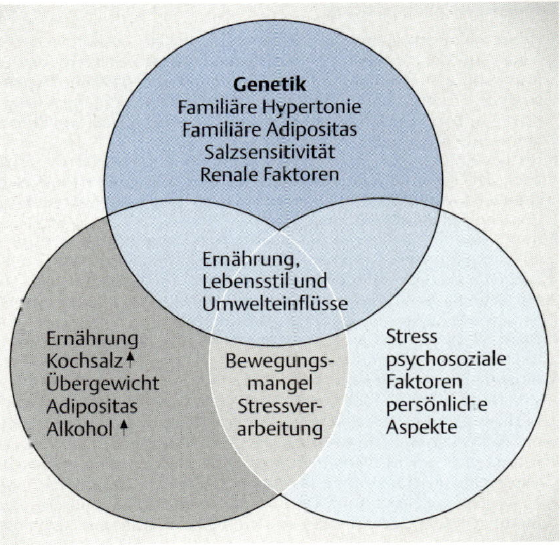

Abb. 6.2 Hauptfaktoren der primären Hypertonie

! ***Hinweis:*** Es ist sehr wichtig, im Anamnesegespräch die möglichen Faktoren, den Hintergrund und die Zusammenhänge der Hypertonieentstehung beim einzelnen Patienten so weit wie möglich zu eruieren. Nur so ist eine Identifikation des Patienten mit seinen individuellen „Hypertonie-Faktoren" möglich. Dies ist eine Grundvoraussetzung für eine aktive Mitwirkung des Patienten bei der Planung und dauerhaften Durchführung der Therapie! Es liegt auf der Hand, dass die Aussage „Sie haben eine essenzielle Hypertonie, deren Ursache bis heute unbekannt ist" kontraproduktiv wirken muss. Hier liegt einer der Hauptgründe für die unbefriedigende Behandlungssituation der Hypertoniker in der Praxis.

Genetische Prädisposition

- Hoher Blutdruck kommt in bestimmten Familien gehäuft vor. Oft haben ein oder sogar beide Elternteile des Patienten eine Hypertonie. Insgesamt geht man heute davon aus, dass bei ca. **40% der Hypertoniker** eine erbliche Anlage für die Hochdruckentwicklung vorliegt. An dieser Form der familären Hypertonie ist eine Vielzahl von Genen beteiligt (= *polygenetische Störung*).
- Die genaue Regulationsstörung ist bis heute nicht aufgeklärt. Es gibt aber vielfältige Hinweise dafür, dass der familiären Hypertonie eine **renale Dysfunktion** zugrunde liegt, die zur Salz- und Wasserretention und Salzsensitivität führt.
- Bisher wurden zahlreiche Kandidatengene untersucht und etliche Polymorphismen (z. B. für das ACE-Gen, Angiotensinogen-Gen, α-Adducin-Gen, das Gen für den β_2-Adrenozeptor) beschrieben. Die meisten Befunde hinsichtlich positiver bzw. fehlender Assoziationen mit der Hypertonie waren allerdings widersprüchlich.
- **Fazit:** Bis heute gibt es keinen „Gentest", der für eine „familiäre Hypertonie" beweisend wäre!

! ***Hinweis:*** Die meisten Patienten mit „familiärer Hypertonie" sind salzsensitiv, d. h. ihr Blutdruck steigt bei akuter und chronischer Kochsalzbelastung besonders stark an. Bei ihnen liegt wahrscheinlich eine heriditäre Salzregulationsstörung vor (S. 75). Im Laufe der Jahre entwickelt sich bei Nachkommen von Hypertonikern eine manifeste Hypertonie unter dem Einfluss dauerhaft erhöhten Kochsalzkonsums (v. a. wenn gleichzeitig die Kaliumzufuhr reduziert ist) und weiterer Faktoren wie Übergewicht, Bewegungsmangel und chronischer Stress hinzukommen.

- Mit den modernen molekulargenetischen Verfahren konnten in den letzten Jahren einige sehr seltene **monogenetische Hypertonieformen** aufgedeckt werden, die sich klar von der „erblichen" primären Hypertonie abheben. Die verantwortlichen Gene für einige sehr seltene autosomal-dominant vererbte Hypertonieformen konnten identifiziert, geklont und ihre Funktion aufgedeckt werden (Tab. 6.1). Gemeinsamer Pathomechanismus ist eine erhöhte renale Natriumretention, die zu einem Volumenhochdruck führt.

Manifestationsfaktoren der primären Hypertonie

- Übergewicht und Bewegungsmangel, S. 73.
- Erhöhter Kochsalzkonsum, S. 74.
- Erhöhter Alkoholkonsum, S. 76.
- Chronischer Stress, S. 77.

Tabelle 6.1 Autosomal-dominant vererbte Hypertonieformer

Erkrankung	Pathomechanismus
Liddle-Syndrom	Pseudoaldosteronismus durch Internalisierung des epithelialen Natriumkanals im distalen Tubulus
Glukokortikoid-supprimierbarer Hyperaldosteronismus	partielle Fusion zweier Gene, die für die 11-β-Hydroxylase kodieren
apparenter Mineralokortikoidexzess	11-β-Hydroxylase-Mangel

- Persönliche Charakteristika, S. 79.
- Soziales Umfeld, S. 80.

Übergewicht und Bewegungsmangel

- Übergewicht ist wohl der wichtigste und häufigste Auslöser für eine manifeste Hypertonie. 50% aller Menschen mit Übergewicht leiden an einer Hypertonie. In der **Framingham-Studie** war die Hypertonie bei rund 70% der Männer sowie bei 61% der Frauen alleine auf Übergewicht zurückzuführen. Eine Gewichtszunahme von 5 kg führte dabei zu einem Anstieg des systolischen Blutdrucks um 4,5 mmHg. Außerdem fördert Übergewicht die Entstehung eines Typ-2-Diabetes und Fettstoffwechselstörungen (Dyslipoproteinämie) (→ metabolisches Syndrom).
- **Pathophysiologie der Hypertonieentwicklung bei Adipositas:**
  - Hintergrund der Hypertonieentwicklung bei Adipositas ist eine gesteigerte Symathikusaktivität, eine gesteigerte renale Natriumrückresorption, eine Volumenexpansion mit erhöhtem Schlagvolumen und eine erhöhte Salzsensitivität. Parallel zur erhöhten Sympathikusaktivität kommt es auch zur Stimulation des RAAS.
  - Die Aktivierung des Sympathikus ist zum Teil direkte Folge einer Freisetzung von Leptin aus dem Fettgewebe, das an hypothalamischen Sympathikuskernen zu einer Stimulation führen kann.
  - Auch die Hyperinsulinämie als Folge der bei Adipositas vorliegenden Insulinresistenz kann durch eine direkte Stimulation der tubulären Natriumrückresorption als auch indirekt über eine weitere Stimulation des Sympathikus zur Volumenretention und damit zur Entwicklung der Hypertonie beitragen.

  ! ***Beachte:*** Die Zunahme des Blutvolumens kann bei schwerer Adipositas mehr als 40% betragen. Die gleichzeitige Steigerung der Herzfrequenz führt zu einer deutlichen Zunahme des Herzminutenvolumens mit einem hohen kardialen Risiko.

- *Langfristige Folgen:* Adipositas führt langfristig auch zu schweren strukturellen Veränderungen der Niere mit Verlust von Nephronen und Abnahme der Nierenfunktion. Damit ist die Hypertonie fixiert und in ein anderes Stadium übergetreten.

! ***Hinweis:*** Die überschießende Blutdruckreaktion zeigt sich bei Übergewichtigen und Untrainierten insbesondere unter körperlicher Belastung (z. B. auf dem Fahrradergometer).

▶ Zwischen dem Body-mass-Index (BMI) bzw. dem Körperfettgehalt und der Hypertonie besteht eine positive lineare Beziehung.

▶ **Fazit:** 75% der Hypertoniker sind übergewichtig, die Tendenz ist steigend! Bei ihnen ist das Übergewicht der bedeutendste Faktor in der Hypertonieentwicklung. V.a. die Kombination aus Übergewicht und Bewegungsmangel ist eine sehr häufige Voraussetzung für die Entwicklung einer Hypertonie. Beide Komponenten – Übergewicht und mangelnde Bewegung – nehmen in unserer Gesellschaft ständig zu. Dies wird als Hauptursache für die steigende Hypertonieprävalenz angesehen (S. 1)!

! ***Konsequenz:*** Gewichtsreduktion und Steigerung der körperlichen Aktivität sind die wichtigsten und wirkungsvollsten Blutdruck senkenden Maßnahmen für übergewichtige und untrainierte Hypertoniker.

Erhöhter Kochsalzkonsum

! ***Hinweis:*** Es liegen viele eindrucksvolle wissenschaftliche Studien vor, die aus epidemiologischer Sicht, im Tierversuch und beim hyper- bzw. normotonen Menschen einen Zusammenhang zwischen Kochsalzzufuhr und Blutdruckhöhe belegen.

▶ Die Ergebnisse der **Intersalt-Studie** zeigen, dass erst ab einer Kochsalzzufuhr von > 3–4g/Tag eine Hochdruckkrankheit ausgelöst werden kann. ! ***Beachte:*** In Ländern mit mittelhoher Kochsalzaufnahme (z. B. Deutschland) ist die Korrelation nicht bzw. nur schwach nachweisbar. Hier spielen wahrscheinlich andere Faktoren (Übergewicht und hoher Alkoholkonsum) eine größere Rolle.

▶ Blaustein postulierte ein Zusammenwirken von Natriumzufuhr, natriuretischem Hormon, Natrium-Kalium- und Natrium-Kalzium-Austausch an der Zellmembran und einem genetischen Defekt der renalen Natriumausscheidung bei der Hypertonieentstehung:
- Die zugrunde liegende renale Funktionsstörung führt zu einer verminderten Natriumausscheidung bei erhöhter Zufuhr.
- Die erhöhte Natriumzufuhr und die konsekutive Blutvolumenzunahme kann bis zu einem gewissen Ausmaß durch die vermehrte Ausschüttung von ANP (atriales natriuretisches Peptid) kompensiert

werden. ANP dämpft als effektiver endogener Gegenspieler die Aktivität des RAAS und des Sympathikus.

- Da aber gleichzeitig auch an anderen Zellen die Natriumpumpe gehemmt wird, kommt es z. B. in der Gefäßmuskelzelle zur intrazellulären Natriumkonzentrationserhöhung. Da an der Gefäßmuskelzelle der Natriumtransport mit dem Kalziumtransport gekoppelt ist, kommt es bei einer Blockade der Natriumpumpe (Na-K-ATPase) zu einer intrazellulären Kalziumanreicherung; die Zunahme der Kalziumkonzentration erhöht die Kontraktionsbereitschaft und Reaktivität der Gefäße und führt zu einer Erhöhung des Gefäßtonus und des peripheren Widerstandes und damit zur Hypertonie.
- **Fazit:** Diese Hypothese der Hochdruckentstehung infolge eines defekten Elektrolyttransports ist in sich sehr schlüssig und stellt eine logische Verknüpfung verschiedener experimenteller Befunde bei der Hypertonie dar.

▶ Das Konzept der **Druckdiurese (nach Guyton)** postuliert eine Beziehung zwischen der täglichen Kochsalzaufnahme und der Aktivität des RAAS: Bei niedriger Kochsalzzufuhr kommt es zu einer Zunahme der Aktivität des RAAS, sodass bei gleichem Druck weniger Salz verloren geht. Umgekehrt wird bei hoher Kochsalzzufuhr der Renin- und Aldosteronspiegel sinken. Allerdings ist die Beziehung zwischen Kochsalzzufuhr und RAAS nicht linear, sondern entspricht einer hyperbolen Funktion, wobei über 50–70 mmol (3–4 g) tägliche Natriumzufuhr das RAAS bis auf die basale Sekretion vollständig unterdrücken. Es kommt also erst bei einer Kochsalzzufuhr von unter 50–70 mmol täglich zu einem raschen und linearen Anstieg der Aktivität des RAAS, wodurch die Natriumbilanz auch bei niedriger Kochsalzzufuhr ausgeglichen gehalten werden kann.

- **Fazit:** Eine tägliche Kochsalzzufuhr größer als 50–70 mmol (3–4 g) kann bei genetisch belasteten (salzsensitiven) Personen über das RAAS nicht mehr ausgeglichen werden, weil es ohnehin schon heruntergeregelt ist. Die Folge ist ein Druckanstieg, um das Salz über eine Drucknatriurese ausscheiden zu können.

▶ Etwa die Hälfte der Hypertoniker ist **salzsensitiv**, d. h. ihr Blutdruck steigt bei akuter und chronischer Kochsalzbelastung besonders stark an. Diese Patienten reagieren auf eine Salzreduktion der Kost mit einem relevanten Blutdruckabfall.

▶ Zu den „salzsensitiven Hypertonikern“ zählen v. a.:

- Ältere Patienten.
- Typ-2-Diabetiker.
- Übergewichtige Patienten bzw. Patienten mit metabolischem Syndrom.

- Hypertoniker mit familiärer (genetischer) Hypertonie: Hier liegt wahrscheinlich eine hereditäre Salzregulationsstörung vor (siehe auch S. 72).
- Patienten mit niedrigem Reninspiegel (low renin hypertension).
- Dunkelhäutige Hypertoniker.

! ***Hinweis:*** Auch antihypertensiv medikamentös behandelte Patienten profitieren von einer salzreduzierten Kost, da eine Salzreduktion zu einer verstärkten Wirkung der antihypertensiven Medikamente führt (*Ausnahme:* Kalziumantagonisten).

Erhöhter Alkoholkonsum

▶ Chronischer hoher Alkoholkonsum kann die Ursache für eine schwere Hypertonie sein. Daher sollte bei allen Hypertonikern der Alkoholkonsum eruiert werden.

! ***Merke:*** Oberhalb eines Konsums von 30 g/Tag steigert jede zusätzliche Zufuhr von 10 g Alkohol/Tag den Blutdruck um durchschnittlich 1–2 mmHg. **Beachte:** Die individuelle Alkoholverträglichkeit ist auch hinsichtlich der Blutdrucksteigernden Wirkung individuell sehr unterschiedlich. Ähnlich wie beim Kochsalz gibt es wahrscheinlich auch „alkoholsensitive" Menschen, die eher mit einer Regulationsstörung reagieren.

▶ Im Bereich des milden Alkoholkonsums besteht keine enge Korrelation zur Hypertonie.

▶ Abstinenz führt bei diesen Patienten dazu, dass der Blutdruck deutlich absinkt und häufig sogar Normalwerte erreicht.

! ***Merke:*** Bei den meisten Patienten ist die Einschränkung des Alkoholkonsums auf ein niedriges und vernünftiges Quantum ausreichend. Eine totale Alkoholkarenz ist allerdings nur bei Alkoholabhängigkeit erforderlich.

▶ Die genauen Mechanismen der alkoholbedingten Blutdrucksteigerung sind noch unklar. Vermutet werden direkte pressorische Effekte und eine direkte Wirkung auf den Sympathikotonus und das Renin-Angiotensin-Aldosteron-System.

Kaffeekonsum

! ***Hinweis:*** Regelmäßiger Kaffeekonsum führt entgegen der weit verbreiteten Meinung nicht zu einem hohen Blutdruck bzw. einer manifesten Hypertonie, wenn eine bestimmte Menge nicht überschritten wird. Dabei liegt die Grenze bei ca. 3 Tassen/Tag. Größere Mengen Kaffee, insbesondere in Kombination mit Stress (z. B. am Arbeitsplatz) und Nikotinabusus können den Blutdruck allerdings sehr wohl steigern.

- Nach mäßigem Kaffeekonsum kommt es allenfalls zu einem geringgradigen, vorübergehenden Blutdruckanstieg, der nur kurz anhält und unbedenklich ist. Auch bei regelmäßigem Kaffeekonsum treten keine relevanten Blutdrucksteigerungen auf, wenn eine gewisse Menge nicht überschritten wird (s. o.).

Chronischer Stress

! ***Hinweis:*** Es gibt keinen Zweifel mehr, dass psychische Faktoren bei der Hypertonieentstehung eine große Rolle spielen. Es ist davon auszugehen, dass bei mindestens 20% der Patienten mit primärer Hypertonie chronischer Stress als Auslöser eine entscheidende Rolle spielt.

- Bei der stressinduzierten Hypertonie führt eine gesteigerte zentrale Sympathikusaktivität zum Blutdruckanstieg (Abb. 6.3). Dies trifft sowohl auf akute Stressreaktionen mit nur kurzfristigem Blutdruckanstieg zu als auch auf chronische Stresssituationen mit der Entwicklung einer dauerhaften Hypertonie.
- Zu den Stressoren gehören insbesondere *Ärger und Ängste im Zusammenhang mit der Arbeitssituation* (Zeitdruck, Hektik, Leistungsdruck, berufliche Überlastung und hohe berufliche Anforderung insbesondere im Zusammenhang mit geringem Entscheidungsspielraum, finanzielle Probleme und existenzielle Ängste wie Arbeitslosigkeit) und *familiäre Stressoren* (Eheprobleme, Tod des Partners, schwere Erkrankung oder Pflegefall in der Familie).

! ***Hinweis:*** Es gibt Hinweise, dass bei Frauen der Faktor Angst und Männern der Faktor Ärger eine größere Rolle spielen.

- Die Stressverarbeitung ist individuell sehr unterschiedlich. Sie hängt neben der persönlichen Stressbewertung wahrscheinlich auch von genetischen und konstitutionellen Komponenten ab. Daher ist es nicht verwunderlich, dass dieselben Stressfaktoren bei unterschiedlichen Personen zu ganz verschiedenen Reaktionen führen: So reagieren einige Menschen mit einem erhöhten Blutdruck, andere neigen zu anderen stressbedingten Gesundheitsstörungen (z. B. Depressionen und Schwindel), wieder andere zeigen gar keine ungesunde Stressreaktion.

! ***Merke:*** Bestimmte Menschen werden nicht deswegen hyperton, weil sie großem Stress ausgesetzt sind, sondern weil sie auf Stress anders reagieren!

- Kognitive Aspekte und unterschiedliche subjektive Stressverarbeitungsmechanismen scheinen für die Blutdruckregulation und Hyper-

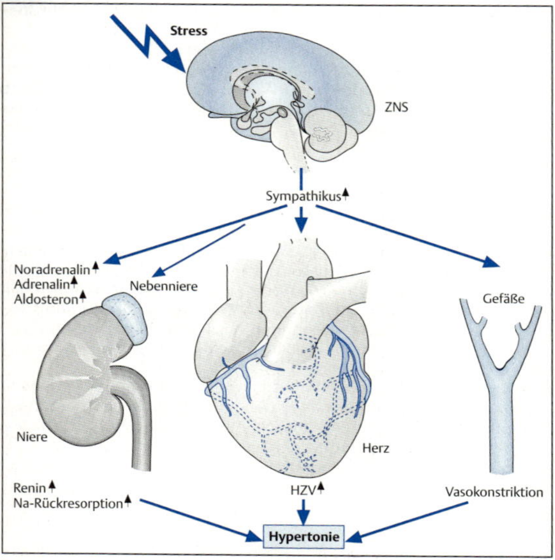

Abb. 6.3 Stressinduzierte Hypertonie: Der zentralnervöse Impuls führt über eine erhöhte Aktivität des zentralen und peripheren Sympathikus mit erhöhter Katecholaminsekretion (Nebennierenrinde), Aldosteronproduktion (Nebennierenmark), Reninsekretion (juxtaglomerulärer Apparat), gesteigerter Natrium-Rückresorption, erhöhtem Herzzeitvolumen und Vasokonstriktion zur Hypertonie

tonieentwicklung unter mentalem Stress verantwortlich zu sein. Erste **langjährige Beobachtungsstudien** konnten den Zusammenhang zwischen psychosozialen Stressfaktoren, Persönlichkeitsmerkmalen, Stressverarbeitung und der Hypertonieentwicklung aufzeigen:

- Die **Whitehall-Studie** ging der Frage nach, ob die akute Blutdruckreaktion auf mentalen Stress ein Prädiktor für die spätere Entwicklung einer manifesten Hypertonie ist. 796 Männern mittleren Alters (35 bis 55 Jahre) wurden über 10 Jahre beobachtet. *Ergebnis:* Das

Ausmaß der systolischen Blutdruckreaktion auf akuten mentalen Stress ist, ebenso wie das Alter und die Höhe des Ausgangsblutdrucks (im normalen bis noch-normalen Bereich), ein Prädiktor für die Entwicklung einer manifesten Hypertonie ist.

- In der **CARDIA-**(Coronary Artery Risk Development in Young Adults)Studie wurden 3.308 junge (18 bis 30 Jahre) schwarze und weiße Männer und Frauen über 15 Jahre untersucht (von 1985 bis 2001). Es ging um die Frage, ob **TUI (Time urgency and impatience = Zeitdruck und Ungeduld)** als Risikoverhalten die Entwicklung einer Hypertonie begünstigen. *Ergebnis:* Es gibt eine klare „Dosis-Wirkungs-Beziehung" zwischen Ungeduld, dem Gefühl von Zeitdruck und der späteren Hypertonieprävalenz.
- Einige kleinere Studien zeigen einen deutlichen Zusammenhang zwischen einer hohen Arbeitsanforderung und Verantwortung in Kombination mit einem geringen Kontroll- und Entscheidungsspielraum (**high demand/low control work: job strain**) und erhöhtem Blutdruck sowie kardialer Mortalität.

Besondere persönliche Charakteristika

! ***Vorbemerkung:*** Bei der hohen Prävalenz der Hypertonie und der Vielfalt persönlicher Charakteristika ist es problematisch, Hypertoniker generell mit den unten genannten besonderen Persönlichkeitsmerkmalen zu beschreiben. Im Einzelfall kann die Berücksichtigung der persönlichen psychischen Charakteristika und Konstellationen aber für die Arzt-Patienten-Kommunikation und die Arzt-Patienten-Beziehung sehr hilfreich sein.

▶ Es liegt auf der Hand, dass es nicht die **eine Hypertonie-Persönlichkeit** geben kann. Verschiedene Untersuchungen haben aber gewisse Persönlichkeitsmerkmale beobachtet, die „angeblich" gehäuft bei Patienten mit Hypertonie beobachtet werden können:

- Hypertoniker erleben sich häufiger als unattraktativ, unbeliebt, missachtet, nicht durchsetzungsfähig und in ihrer Arbeit kritisiert.
- Hypertoniker haben häufiger ein eingeschränktes Selbstwertgefühl und ein geringes Durchsetzungsvermögen, sind ängstlich und neigen häufiger zu Depressionen.
- Hypertoniker sind häufiger abhängig vom Urteil ihrer Außenwelt und beugen sich deren Gegebenheiten.
- Hypertoniker sind häufiger unfähig, Aggressionen zu zeigen.
- Äußerlich zeigen sich diese Charakteristika in erhöhter Eigenkontrolle, übersteigerte Ordnungsliebe, Beherrschtheit, Wahrheitsliebe und Unfähigkeit zu impulsivem, spontanem Handeln.

! ***Hinweis:*** Hypertoniker beschreiben sich selbst aus übersteigerter Selbstkritik heraus eher negativer, als es objektiv gerechtfertigt wäre. Das eigene Bild stimmt nicht mit dem Bild überein, welches die Mitmenschen von ihnen haben.

▶ So manche Ursache für eine spätere Hypertonieentwicklung liegt weit zurück in der Vergangenheit. Seelische Verletzungen und psychische Traumen in der Kindheit, Jugend oder frühem Erwachsenenalter können bei vielen Hypertonikern aufgespürt werden. Lange Zeit wurden diese Ereignisse verdrängt und erfolgreich unterdrückt. Lässt die Fähigkeit zur Unterdrückung dieser Erinnerungen nach (z. B. durch Ermüden der Abwehrmechanismen oder neue traumatische Erlebnisse), kann es sogar zu krisenhaften Blutdruckanstiegen kommen.

Soziales Umfeld

! ***Hinweis:*** Viele Faktoren im sozialen Umfeld können eine Hypertonieentwicklung begünstigen oder auslösen. Hierzu zählen insbesondere Belastungen im Privat- und Arbeitsleben, Konkurrenzsituationen, gestörte oder zerstörte soziale Ordnung.

▶ Ungeklärt ist, ob sich die **Zugehörigkeit zu einer bestimmten sozialen Schicht** auf den Blutdruck auswirkt, oder ob andere Faktoren wichtiger sind. Unstrittig ist, dass untere Gesellschaftsschichten weniger gesundheitsbewusst sind. Adipositas (S. 73), Bewegungsmangel (S. 73) und übermäßiger Alkoholkonsum (S. 76) sind häufiger und tragen mit zur Hypertonieentwicklung bei. Diese Faktoren wirken sich wahrscheinlich stärker auf den Blutdruck aus, als der Sozialstatus an sich. Ein persönliches Missverhältnis zwischen dem tatsächlichen Sozialstatus und dem erwünschten oder sogar vorgetäuschten Sozialstatus kann zur schweren psychischen Dauerbelastung werden und sich Blutdruck steigernd auswirken.

▶ **Besondere Umweltbelastungen** wie ständiger Lärm (z. B. Straßen- oder Fluglärm) und Hitze (z. B. am Arbeitsplatz) können sich ungünstig auf den Blutdruck auswirken. Untersuchungen zeigen, dass es in Gebieten mit erhöhtem Straßenlärm mehr Hypertoniker gibt als in ruhigeren Wohngebieten. Dies trifft auch auf Gebiete mit erhöhter Fluglärmbelastung zu.

! ***Fazit:*** Die Berücksichtigung psychosozialer Aspekte ist für die Langzeitbetreuung der Hypertoniker besonders wichtig.

Zusammenfassende Übersicht zur Pathogenese der Hypertonie (Abb. 6.4)

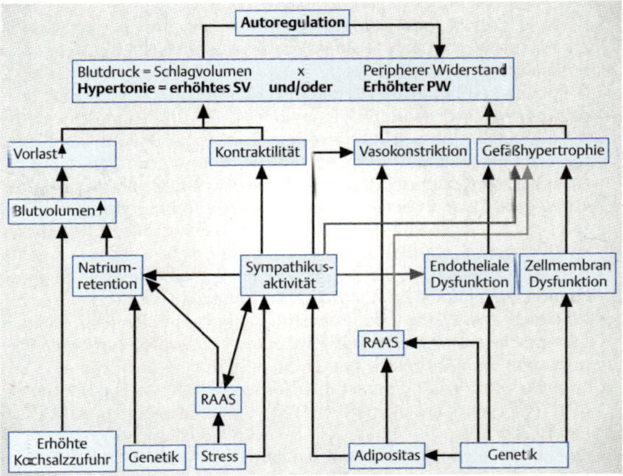

Abb. 6.4 Die wichtigsten Faktoren der Blutdruckregulation und in der Pathogenese der Hypertonie, SV = Schlagvolumen, PW = peripherer Widerstand

7 Sekundäre Hypertonie

7.1 Grundlagen

- **Definition:** Sekundäre Hypertonie bezeichnet die Blutdruckerhöhung aus einer klar definierten, singulären Ursache, die anhand definierter Diagnoseschritte identifizierbar, und häufig ursächlich korrigierbar ist.
- **Ursachen, Formen:**
  - *Renal:* Renoparenchymatös (S. 82), renovaskulär (S. 85).
  - *Endokrin* (S. 87).
  - *Weitere:* Z.B. Aortenisthmusstenose (S. 104), Schlaf-Apnoe-Syndrom (S. 104), neurovaskuläre Kompression (S. 107).
- **Epidemiologie:**
  - Sekundäre Hypertonieformen sind sehr selten, manche sogar eine Rarität. Die **Prävalenz** sekundärer Hypertonieformen wird mit ca.

5–10% aller Hypertoniker angegeben. Der Prozentsatz sekundärer Hypertonien in der Klinik und insbesondere in Spezialabteilungen kann deutlich höher liegen.

- Führend sind die **renalen** Hypertonieformen, und bei den endokrinen Formen der **Hyperaldosteronismus** (einschießlich der normokaliämischen Variante).
- Die Häufigkeit in bestimmten Kollektiven hängt u. a. von der Intensität der entsprechenden Diagnostik und der Selektion der Patienten ab. Die Diagnose sekundärer Formen erfordert häufig komplexe, teure und manchmal auch risikoreiche Untersuchungen. Die Einleitung entsprechender **diagnostischer Maßnahmen muss daher stets gründlich überlegt werden**, und Vor- und Nachteile sind stets individuell abzuwägen. Dabei müssen einige prinzipielle Richtlinien beachtet werden, um den Patienten nicht unnötigen Belastungen auszusetzen und um nicht unnötige Kosten ohne entsprechende therapeutische Konsequenzen zu produzieren.
- Wegen der Häufigkeit der primären Hypertonie gibt es aber auch das **gleichzeitige Auftreten von primärer und sekundärer Hypertonie** bzw. kann sich aus einer primären Hypertonie eine sekundäre Form (z. B. eine arteriosklerotische Nierenarterienstenose oder eine renoparechymatöse Hypertonie bei Niereninsuffizienz) entwickeln.
- Eine aktuelle prospektive Untersuchung bei > 1000 Hypertonikern ergab mit 9,1% eine relativ hohe Prävalenz sekundärer Hochdruckformen. Allerdings wurden bei sämtlichen Patienten ein endokrinologisches Screening (Aldosteron, Renin, Kortisol, Katecholamine) und eine abdominelle Sonographie durchgeführt. Die Hormonuntersuchungen erwiesen sich als sehr sensitiv in der Erfassung sekundärer Hypertonieformen, während Ultraschall und im weiteren Abklärungsstadium auch CT in der Differenzierung primäre/sekundäre Hypertonie weitaus weniger sensitiv waren.

▶ **Diagnostik:** Siehe S. 33.

7.2 Sekundäre Hypertonieformen

Renoparenchymatöse Hypertonie

▶ **Definition:** Hypertonie bei Erkrankung des Nierenparenchyms mit zunehmendem Funktionsverlust; häufigste Form einer sekundären Hypertonie.

▶ **Ursächlich** kommt eine Vielzahl primärer Nierenerkrankungen und systemischer Erkrankungen mit Nierenbeteiligung in Betracht.

- Glomerulonephritiden und die diabetische Nephropathie sind bereits in frühen Stadien sehr häufig mit einer Hypertonie vergesellschaftet.
- Patienten mit tubulo-interstitiellen Erkrankungen wie chronische Pyelonephritis (meist Frauen), obstruktiver Nephropathie (meist Männer), Gichtnephropathie und interstitieller Nephritis (z. B. Analgetika-Nephropathie oder Balkannephritis) können lange normotensiv bleiben.

▶ **Anamnese und klinische Untersuchung** können wichtige Hinweise liefern, aber sie sind häufig auch völlig unergiebig. Selbst schwere Nephropathieformen können lange Zeit klinisch stumm verlaufen.

▶ Das Fehlen folgender **klinischer Hinweise** schließt daher eine Nephropathie nicht aus:

- Familienanamnese einer Nephropathie (z. B. Zystennieren),
- Veränderungen des Urins (z. B. Hämaturie),
- Ödembildung unklarer Genese,
- Vorgeschichte einer Glomerulonephritis, Pyelonephritis oder Nierensteine,
- Analgetikaabusus (interstitielle Nephropathie), Diabetes mellitus (diabetische Nephropathie) und eine
- lange bestehende, unzureichend behandelte Hypertonie (hypertensive/ischämische Nephropathie).

! ***Merke:*** Die Hypertonie kann das erste auffällige Symptom einer Nephropathie sein, sie kann aber auch selbst Ursache der Nierenschädigung sein, insbesondere natürlich bei maligner (akzelerierter) Verlaufsform.

▶ **Basisdiagnostik:** Serum-Kreatinin, Harnstoff-Stickstoff, Harnsäure, Untersuchung des Urinsediments, abdominelle Sonographie, ABDM (S. 49), v. a. zur Erfassung der nächtlichen Hypertonie.

- **Serum-Kreatitin:** Ist das Serum-Kreatinin bereits erhöht, ist die Nephropathie mit einer mehr als 50%igen Einschränkung der Nierenfunktion sicher. Ein normaler Kreatininwert schließt die Nephropathie aber nicht aus, da die endogene Kreatinin-Clearance um ca. 50% abnehmen muss, bevor das Serumkreatinin messbar ansteigt. Mittels der Formel von Cockcroft und Gault kann eine annäherungsweise Bestimmung der endogenen **Kreatinin-Clearance** (Clearance Kr) aus der Serum-Kreatinin-Konzentration bestimmt werden: **Clearance Kr = (140 – A) × KG ÷ SKr × 72** (A = Alter [Jahre]; KG = Körpergewicht [kg], SKr = Serum-Kreatinin [mg/100 ml]).
- Die **Urinanalyse** ist sehr wichtig, da bei ca. 90% der Patienten mit Nephropathie ein pathologischer Urinbefund erhoben wird. Größte Bedeutung haben der Nachweis von Erythrozyten und/oder Eiweiß

Tabelle 7.1 Stadieneinteilung von Nierenkrankheiten

Stadium	Kriterien
Stadium 1	Nierenschädigung mit normaler GFR GFR ≥ 90 ml/min/1,73 m²
Stadium 2	Nierenschädigung mit leicht eingeschränkter GFR GFR < 90 ml/min/1,73 m²
Stadium 3	mittelgradig eingeschränkte GFR GFR < 60 ml/min/1,73 m²
Stadium 4	stark eingeschränkte GFR GFR < 30 ml/min/1,73 m²
Stadium 5	Nierenversagen GFR < 15 ml/min/1,73 m²

im Urin. Bei auffälligem Urinbefund, z. B. mit einem Teststreifen, sollte eine nephrologische Abklärung erfolgen. Der Nachweis dysmorpher Erythrozyten im Phasenkontrast-Mikroskop sowie eine Proteinurie > 1 g in 24 Stunden spricht für eine glomeruläre Erkrankung. Eine Mikroalbuminurie, wie sie typischerweise als Frühsymptom der diabetischen Nephropathie auftreten kann, ist mit speziellen Teststreifen zu erfassen.

- Ein aufgehobener oder inverser zirkadianer Blutdruckrhythmus in der **Blutdruck-Langzeitmessung (ABDM)** ist ein sehr bedeutender Hinweis u. a. auf eine renoparenchymatöse Hypertonie.
- Die **Ultraschalluntersuchung der Nieren** erfasst wichtige morphologische Veränderungen:
  - Nierenanomalien.
  - Harnstauung.
  - Seitendifferenz der Nierengröße.
  - Nierenzysten, Zystennieren.
  - Parenchymnarben.
  - Veränderungen der Markrindengrenze.
  - Verkleinerte Nieren bei chronicher Nierenerkrankung.

! ***Hinweis:*** Ein unauffälliges Nierensonogramm schließt eine Nephropathie nicht aus. Im Einzelfall muss die Indikation für eine Nierenbiopsie durch den Nephrologen gestellt werden.

▸ Die **intravenöse Pyelographie** ist im Zeitalter der Sonographie nur noch in urologischen Ausnahmefällen indiziert. In der Stufendiagnostik der Hypertonie und zur Abklärung einer sekundären Hypertonie ist diese Untersuchung längst obsolet. Die Kontrastmittelgabe ist bei eingeschränkter Nierenfunktion sehr problematisch.

! **Merke:** Eine intravenöse Pyelographie ist obsolet in der Hypertoniediagnostik, bei Niereninsuffizienz ist sie kontraindiziert.

▸ Der Wert **szintigraphischer Untersuchungsverfahren** wird in diesem Zusammenhang meistens überschätzt. Einzig die seitengetrennte nuklearmedizinische Clearancebestimmung kann sinnvoll sein (z. B. präoperativ) um Aufschluss über die Funktion der einzelnen Nieren zu geben.

▸ **Tipps zur Therapie:** Im Vordergrund der Behandlung steht – wenn möglich – die Therapie der Grunderkrankung (z. B. Diabetes mellitus, Glomerulonephritis). Diese sollte stets von einer sehr guten antihypertensiven Therapie (S. 136) begleitet werden.

Renovaskuläre Hypertonie

▸ **Definition:** Hypertonie aufgrund einer Nierenarterienstenose; nach den Nierenparenchymerkrankungen zweithäufigste Ursache einer sekundären Hypertonie.

▸ **Ursachen, Epidemiologie:**
- Etwa 90% der Nierenarterienstenosen sind durch eine Atherosklerose der Aorta abdominalis bedingt. Bevorzugt betroffen sind ältere Männer mit Nikotinabusus.
- Ca. 10% der Fälle sind durch eine (angeborene) fibromuskuläre Dysplasie der Nierenarterie bedingt und treten vorwiegend bei jüngeren Frauen mit einem Altersgipfel um das 30.–35. Lebensjahr auf.

▸ **Klinische Merkmale:** Die renovaskuläre Hypertonie hat kein typisches Leitsymptom und kann klinisch völlig stumm verlaufen. In der Basisdiagnostik ist kein Laborbefund charakteristisch. Verschiedene Konstellationen können aber auf eine hämodynamisch wirksame Nierenarterienstenose hinweisen:
- Plötzliches Auftreten und akzelerierter Verlauf der arteriellen Hypertonie, Änderung des Blutdruckcharakters (insbesondere bei jungen Frauen: Fibromuskuläre Dysplasie, und bei älteren Männern: Arteriosklerotische Nierenarterienstenose),
- schwer einstellbare Hypertonie (kein kontrollierter Blutdruck unter 3er-Kombination mit Diuretikum),
- aufgehobener oder inverser zirkadianer Blutdruckrhythmus in der ABDM (Blutdrucklangzeitmessung),
- plötzlicher Anstieg des Serumkreatinins bei unauffälligem Urinbefund,
- überproportionaler Anstieg des Serumkreatinins nach Einleitung einer antihypertensiven Therapie mit ACE-Hemmer oder AT_1-Blocker,

- Größenunterschied der Nieren (> 1 cm) in der Sonographie,
- Strömungsgeräusch periumbilikal oder im Bereich der Flanken und
- Patienten mit multiplen Risikofaktoren, insbesondere Rauchen, mit ausgeprägten arteriosklerotischen Veränderungen der Aorta oder A. carotis, peripherer arterieller Verschlusskrankheit, koronarer Herzkrankheit, nächtlichem Lungenödem ohne direkte kardiale Ursache.

▶ Bei mittelschwerer bis schwerer Hypertonie und dem Nachweis einer zerebralen und peripheren Arteriosklerose beträgt die Wahrscheinlichkeit für eine Nierenarterienstenose 10–30 %.

▶ **Diagnostik zum Nachweis einer Nierenarterienstenose** (Tab. 7.2):

! ***Merke:*** Die invasive Abklärung bei Verdacht auf renovaskuläre Hypertonie sollte nur bei hoher Wahrscheinlichkeit für das Vorliegen einer Nierenarterienstenose *und* potenziellen therapeutischen Konsequenzen durchgeführt werden.

- Bei aus anderer Indikation ohnehin durchzuführender Arteriographie kann die Indikation großzügiger gestellt werden.

Tabelle 7.2 Methoden zum Nachweis einer Nierenarterienstenose

Methode	**diagnostischer Wert**
i. v.-Pyelographie	obsolet
Nierenszintigraphie	obsolet
Reninbestimmung mit Captopril	unbefriedigend
Captopril-Szintigraphie	mangelhaft
Duplex-Sonographie[1]	befriedigend
i. v. Subtraktionsangiographie[2]	befriedigend
MRT-Angiographie	gut
MRT-Angiographie mit Gadolinium[3]	sehr gut
CT-Angiographie	sehr gut
i.a. Angiographie[4]	Goldstandard

[1]sehr untersucherabhängig, schwer bei Adipositas

[2]wegen breiter Anwendung von CT und MRT nicht mehr empfehlenswert

[3]strahlenfrei, kein nephrotoxisches Kontrastmittel, daher uneingeschränkt anwendbar

[4]in verschiedenen Ebenen

- **Therapie:** Die Erkennung einer Nierenarterienstenose hat bei jüngeren Patienten eine größere Bedeutung, da fibromuskuläre Missbildungen der Nierenarterien häufiger anzutreffen sind und deren Beseitigung durch eine transluminale Nierenarterien-Dilatation (PTNA) mit größerer Wahrscheinlichkeit zur Heilung der renovaskulären Hypertonie führt. Damit kann eine oft lebenslange antihypertensive Therapie vermieden werden. Das diagnostische Prozedere und der therapeutische Eingriff sind mit einem geringeren Risiko behaftet als z. B. bei älteren multimorbiden Patienten mit arteriosklerotischer Nierenarterienstenose.
- Als **Indikation für eine perkutane PTNA** mit oder ohne Stent gelten:
  - Schwere und schwer einstellbare Hypertonie bzw. refraktäre Hypertonie mit gesicherter hochgradiger Nierenarterienstenose (> 70% Lumeneinengung)
  - *Oder:* bilaterale Nierenarterienstenose mit dokumentiertem raschem Kreatininanstieg
  - *Oder:* Krisenhaft auftretende Episoden von Lungenödem, vor allem bei unter 60-jährigen Patienten.
- **Vergleich PTNA – medikamentöse Therapie:**
  - Die konsequente medikamentöse Therapie der renovaskulären Hypertonie ist insbesondere bei der Mehrzahl der Patienten mit arteriosklerotischer Nierenarterienstenose eine echte Alternative. In der DRASTIC-Studie konnte gezeigt werden, dass nach zwölf Monaten kein Unterschied in der Blutdruckhöhe, Nierenfunktion oder der notwendigen medikamentösen Therapie zwischen der Gruppe der invasiv mit PTNA behandelten Patienten und denjenigen, die von vornherein medikamentös behandelt wurden, bestand.
  - Eine Metaanalyse zum Vergleich PTNA und medikamentöse Therapie bei arteriosklerotischer Nierenarterienstenose kommt zu dem Schluss, dass die Angioplastie einen moderaten aber signifikanten Effekt auf den Blutdruck hat, der dem Einfluss der medikamentösen Therapie überlegen ist. Ein positiver Einfluss auf die Nierenfunktion (Erhaltung oder Verbesserung) konnte nicht nachgewiesen werden.

Endokrine Hypertonieformen

Übersicht

- **Ursachen:** Sekundäre endokrine Hochdruckformen treten bei Überproduktion von Nebennierenhormonen (Mineralokortikoide, Glukokortikoide und Katecholamine) auf. Eine erhöhte Hypertonieprävalenz findet sich auch bei anderen endokrinen Erkrankungen, z.B. der Schilddrüse (Hyper- und Hypothyreose), der Nebenschilddrüse (Hyperparathyreoidismus) sowie bei Überproduktion von Wachstumshormon (Akromegalie). Auch die Hypertonie unter Kontrazeptiva ist humoral vermittelt und kann zu den endokrinonolgischen Formen gezählt werden.

- **Häufigkeit:** Endokrine Hypertonieformen sind sehr viel seltener als renale Hochdruckformen.
- Sie erfordern aber eine z. T. sehr differenzierte **Diagnostik** (Tab. 7.3).

Tabelle 7.3 Diagnostik endokriner Hypertonieformen

Erkrankung	Hypertonie	Symptome	Labor	Bildgebung
Primärer Hyperaldosteronismus (Conn-Syndrom)	stets vorhanden	Müdigkeit, Muskelschwäche, Paresen, Polyurie	**Hypokaliämie**, Reninaktivität im Plasma erniedrigt und Aldosteronspiegel erhöht	Sonographie, CT, MRT
normokaliämische Variante[1]			erhöhter Aldosteron/Renin-Quotient Aldosteron erhöht	
Phäochromozytom	dauernd, intermittierend, oder sporadisch	Hochdruckkrise mit Kopfschmerz, Schwindel, Schwitzen, Herzklopfen Hautblässe	Metanephrine im Plasma und 24-h-Urin erhöht Katecholamine im 24-h-Urin erhöht	CT, MRT, Szintigraphie (MIBG-Scan)
Cushing-Syndrom	in ca. 80%	Stammfettsucht, Vollmondgesicht, Striae distensae, Muskelschwäche	Kortisol im Serum erhöht, Dexamethason-Hemmtest	Sonographie, CT, MRT
Hyperparathyreoidismus (primär)	20–60%	Hyperkalzämie, Müdigkeit, Verlangsamung, Gedächtnisstörungen	Calcium und Parathormon erhöht	Schilddrüsenszintigraphie, Sonographie, CT, MRT

Tabelle 7.3 Diagnostik endokriner Hypertonieformen (Fortsetzung)

Erkrankung	Hypertonie	Symptome	Labor	Bildgebung
Hyperthyreose	ca. 20% systolische Hypertonie	Hyperthyreose-Symptome bzw.	TSH supprimiert	Szintigraphie
Hypothyreose	ca. 25% diastolische Hypertonie	Hypothyreose-Symptome	TSH erhöht	Szintigraphie
Adrenogenitales Syndrom (AGS)	häufig	Jungen: Pseudopubertas praecox Mädchen: Virilisierung	11-Deoxykortikosteron, Hypokaliämie Molekulargenetik	CT
Akromegalie	ca. 50%	typisches Erscheinungsbild	Wachstumshormon (STH) erhöht	CT
monogenetische Formen (Mineralokortikoid-Hypertonien)	Hypertonie stets vorhanden alle Raritäten			
GSH			Kaliumausscheidung erhöht, Reninaktivität supprimiert, Aldosteron erhöht	
AME			Renin und Aldosteron niedrig	
Geller-Syndrom			Renin und Aldosteron niedrig	
Liddle-Syndrom			Renin und Aldosteron niedrig	

[1]Möglicherweise ein Vorläufer des vollausgeprägten Conn-Syndroms (es fehlen entsprechenden Verlausfuntersuchungen)
AME = Apparenter Mineralocorticoidexzess
GSH = Glucocorticoid-supprimierbarer Hyperaldosteronismus

Primärer Hyperaldosteronismus

- **Leitsymptom** des Aldosteronismus ist die Kombination aus Hypertonie und Hypokaliämie.
- **Ursachen:** Der *primäre* Hyperaldosteronismus ist durch eine Überproduktion von Aldosteron in der Nebennierenrinde gekennzeichnet. In der Mehrzahl der Fälle erfolgt die Überproduktion von Aldosteron aus einem autonomen Adenom. Bei etwa 20–30% findet sich ein idiopathischer primärer Hyperaldosteronismus mit beidseitiger Hyperplasie. Hypokaliämie mit Hypertonie in Verbindung mit niedriger Reninaktivität ist die typische Konstellation des primären Hyperaldosteronismus bzw. **Conn-Syndroms**.
- Untersuchungen aus den letzten Jahren haben gezeigt, dass die **normokaliämische Variante** des primären Hyperaldosteronismus relativ häufig ist. Diese Untersuchungen basieren auf der (routinemäßigen) Bestimmung des Aldosteron/Renin-Quotienten. Demnach sind angeblich 60–90% der Patienten mit primärem Hyperaldosteronismus (PHA) normokaliämisch.
- **Differenzialdiagnose:** Kaliumverlust aus gastrointestinaler Ursache durch Durchfall, Erbrechen, Laxanzien oder renaler Ursache durch Diuretika, Lakritze und Derivate ausgeschlossen werden.
- **Diagnostik:** Zunächst Kaliumverluste durch sekundäre Ursachen ausschließen (siehe DD)!
  - **Kalium i. S.:** Hypokaliämie, aber das Fehlen einer Hypokaliämie schließt einen PHA nicht aus (s. o.)!
  - Die Bestimmung des **Aldosteron/Renin-Quotienten (ARQ)** wird auch bei normokaliämischen Hypertonikern empfohlen, wenn der V.a. auf eine sekundäre Hypertonie steigt, z. B. bei schwerer und schwer einstellbarer Hypertonie. Die Bestimmung des ARQ hat den Vorteil, dass der Einfluss der Antihypertensiva (Stimulation der Renin-Aldosteron-Aktivität durch Diuretika und ACE-Hemmer, Hemmung durch Betablocker) auf Aldosteron und Renin gleichsinnig ist. Das bedeutet, dass eine endokrinologische Abklärung auch unter antihypertensiver Therapie durchgeführt werden kann. Aldosteronantagonisten müssen aber grundsätzlich mindestens 4 Wochen abgesetzt sein.

  ! ***Merke:*** Bei der Interpretation des ARQ muss die absolute Aldosteronkonzentration im Serum mit berücksichtigt werden. Diese sollte mindestens im oberen Normbereich liegen. Ein erhöhter ARQ bei normalem Aldosteron spricht gegen das Vorliegen eines PHA. Die Kombination aus ARQ > 300 und Plasma-Aldosteron > 150 pg/ml erreicht eine Sensitivität von 84% und eine Spezifität von 97%.

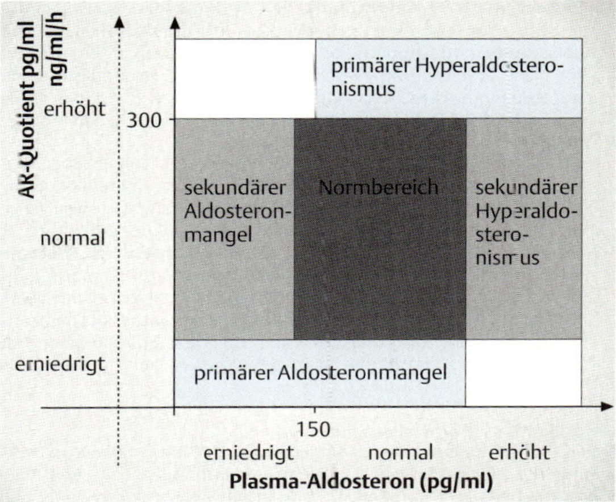

Abb. 7.1 Klassifikation der Störungen des Renin-Angiotensin-Aldosteron-Systems mittels Aldosteron/Renin-Quotienten (ARQ) und Serum-Aldosteron

- Aus Abb. 7.1 geht die Klassifikation der Störungen des Renin-Angiotensin-Aldosteron-Systems mittels ARQ und Serum-Aldosteron hervor.
- Die **Diagnosesicherung** erfolgt durch Infusion von 2 Litern einer 0,9%igen NaCl-Lösung über 4 h und Bestimmung des Plasma-Aldosteron nach 4 h. Eine fehlende Suppression des Aldosteron < 85 pg/ml ist pathologisch.

▶ Die **Lokalisationsdiagnostik** eines Nebennierenadenoms erfolgt nach endokrinologischer Sicherung eines PHA mittels **Computertomographie** oder Kernspintomographie oder evtl. szintigraphisch (J-Cholesterinszintigraphie).

- Die Adenome sind in der Regel so klein, dass sie der sonographischen Diagnostik entgehen, ebenso wie die Hyperplasie. Daher müssen auch bei der CT-Untersuchung sehr enge Schichten gefahren werden.

- In zweifelhaften Fällen kann die Blutabnahme aus den Nebennierenvenen zur Bestimmung von Aldosteron und Kortisol die genaue Lokalisation und Lateralisation erbringen; das ist auch sehr wichtig für die Differenzierung zwischen Adenom und Hyperplasie, denn nur Adenome werden operiert: Ein Gradient von 5 ÷ 1 des Aldosteron/Kortisol-Quotienten ist eine Indikation zur Adrenalektomie.

▸ **Therapie:**
- Hormonaktive Nebennierenkarzinome sind sehr selten, aber sehr maligne. Gesicherte einseitige Adenome werden heute laparoskopisch operiert (**Adrenalektomie**). Die Beseitigung der Hypertonie und der Hyokaliämie gelingt hiermit bei 60–70% der Patienten.
- Bei **beidseitiger Hyperplasie** ist die **medikamentöse Therapie** mit Spironolacton (50–400 mg/d) oder Amilorid (5–30 mg/d) indiziert, bei Bedarf in Kombination mit einem Betablocker und ACE-Hemmer. Hiermit gelingt normalerweise eine gute Blutdruckkontrolle und Normalisierung des Kaliumspiegels. Spironolacton hat antiandrogene Effekte und kann bei Männern zur Gynäkomastie führen.

Desoxykortikosteron-Hypertonie (DOC)

▸ DOC hat normalerweise nur ungefähr 2% der Mineralokortikoidwirkung von Aldosteron und spielt daher bei der Elektrolyt- und Blutdruckregulation keine Rolle. Stark erhöhte DOC-Konzentrationen können bei Patienten mit Nebennierenadenomen oder-karzinomen gefunden werden.

▸ Angeborene Enzymdefekte (11β- und 17α-Hydroxylasemangel) oder eine erworbene Funktionsstörung des Glukokortikoidrezeptors können zu einer DOC-Hypertonie mit Hypokaliämie, und supprimiertem Aldosteron und Renin führen. Die Diagnosesicherung erfolgt durch den Nachweis erhöhter DOC-Konzentrationen.

! ***Hinweis zur Therapie:*** Natriumarme Diät.

Sekundärer Hyperaldosteronismus (SHA)

▸ Eine Mineralokortikoid abhängige Hypertonie mit Hypokaliämie, Hyperkaliurie (> 30 mmol/24 h) und enstprechender klinischer Symptomatik liegt auch beim sekundären Hyperaldosteronismus vor.

▸ Im Gegensatz zum PHA mit supprimiertem Renin, ist bei Renin-abhängigen Formen des SHA die Reninaktivität nicht supprimiert bzw. erhöht, und der Aldosteron/Renin-Qutient nicht erhöht. Hierzu zählen renale und renovaskuläre Hypertonie, maligne Hypertonie (S. 115), Herzinsuffizienz, Leberzirrhose, oder Therapie mit Kontrazeptiva, Diuretika oder direkten Vasodilatatoren.

! ***Hinweis zur Therapie:*** Therapie der Grunderkrankung. Bei Leberzirrhose Gabe von Spironolacton.

Reninom

- Ein Renin sezernierender Tumor (Reninom) der Niere ist eine sehr seltene (bisher ca. 50 Fälle beschrieben) Ursache einer schweren hypokaliämischen Hypertonie.
- Insbesondere bei jungen Patienten mit schwerer Hypertonie und sehr hoher Plasma-Renin-Aktivität sollte an ein Reninom gedacht werden.

Monogenetische Hypertonieformen

- Vier **Monogenetische Hypertonieformen** aus der Gruppe der Mineralokortikoidhypertonie sind bisher beschrieben. Hauptcharakteristika sind:
  - eine gesteigerte renale Natrium- und Wasserretention,
  - Suppression der Reninaktivität und
  - Hypokaliämie.
- Diese Formen sind sehr selten bzw. Raritäten. Sie manifestieren sich bereits in früher Kindheit bzw. frühem Erwachsenenalter:
  - Glukokortikoid-supprimierbarer Hyperaldosteronismus (GSH).
  - Apparenter Mineralokortikoidexzess (AME).
  - Liddle-Syndrom.
  - Geller-Syndrom.

Phäochromozytom

- **Definition:** Phäochromozytome sind seltene, meist gutartige Tumoren des Nebennierenmarks. Hinweisend ist die Anamnese zusammen mit dem Blutdruckverlauf.
- **Symptomatik:** Die typische Symptomatik ist geprägt durch die Wirkung der erhöhten Katecholaminproduktion (Noradrenalin > Adrenalin) im Tumorgewebe: Kopfschmerzen, Schwindel und Herzklopfen/Tachykardie in Verbindung mit intermittierendem Blutdruckanstieg bzw. hypertensiver Krise sind sehr verdächtig auf ein Phäochromozytom. Nur in 50–60% liegt eine dauerhafte Hypertonie vor. Die Hälfte der Patienten hat eine orthostatische Hypotonie. So bessern sich bei einigen Patienten die Symptome im Rahmen einer hypertensiven Krise, wenn Sie aufstehen. Die typische Symptomatik kann allerdings auch völlig fehlen.

! ***Merke:*** Bei schwerer, schwer einstellbarer und therapierefraktärer Hypertonie, insbesondere mit starken Blutdruckschwankungen, krisenhaften Anstiegen und aufgehobenem zirkadianen Blutdruckrhythmus muss stets auch an ein Phäochromozytom gedacht werden.

Tabelle 7.4 Symptomatik beim Phäochromozytom

Beschwerden	Häufigkeit (%)
Hypertonie	90
- dauerhafte Hypertonie	50–60%
- intermittierende Hypertonie	40–50%
Kopfschmerzen	70–90
Schwitzen	60–70
Tachykardien	50–70
Tremor	40–50
Nervosität	35–40
Gewichtsverlust	30–60
Blässe	30–60
pektanginöse Beschwerden	20–50
Übelkeit	15–40
Schwäche	5–20

- **Häufigkeit:** Die Inzidenz wird mit 1–2 Fällen pro 100000 pro Jahr angegeben, die Prävalenz bei Patienten mit Hypertonie mit 0,2–0,4%. Etwa 15–20% aller Fälle sind familiär. Die familiäre Häufung eines Phäochromozytoms wird insbesondere im Rahmen anderer Erkrankungen gesehen, wie multiple endokrine Neoplasie (MEN), der Neurofibromatose, dem von-Hippel-Lindau-Syndrom und bei familiären Glomustumoren.
- **Diagnostik:**
  - Die exzessive Katecholaminsekretion ist in der Regel, insbesondere im Rahmen einer hypertensiven Krise im Sammelurin nachweisbar. Die Bestimmung der Katecholamine im angesäuerten Sammelurin als Screeningmethode zum Nachweis eines Phäochromozytoms hat eine Sensitivität von 85–95%.
    - Obere Normgrenze für *Adrenalin:* 24 μg/24 h.
    - Obere Normgrenze für *Noradrenalin:* 50 μg/24 h.
  - Ist trotz entsprechenden klinischen Verdachts die Katecholaminkonzentration im Normalbereich, sollte eine zweite Untersuchung erfolgen. Dabei ist es günstig den Patienten zu instruieren, mit dem Urinsammeln zu beginnen, wenn die typische Symptomatik auftritt bzw. ein Blutdruckanstieg festgestellt wird. Dies ist besonders wichtig bei Patienten, die keine dauerhafte Hypertonie haben. Bei plötz-

lichem Blutdruckanstieg unter klinischen Bedingungen, sind eine Leukozytose, eine Hyperglykämie und eine erhöhte Katecholaminkonzentration im 2-Stunden-Sammelurin nachweisbar. Eine Plasma-Noradrenalinkonzentration > 2000 ng/l gilt als beweisend für ein Phäochromozytom.

- Bei unklaren Katecholaminbefunden und grenzwertigen Erhöhungen kann ein **Clonidin-Test** über den Nachweis der Supprimierbarkeit der Plasma-Katecholaminkonzentration ein Phäochromozytom weitgehend ausschließen: Nach Abnahme eines Ruhewertes für die Katecholaminbestimmung werden 300 μg Clonidin oral appliziert und nach einer Ruhezeit von 3 Stunden eine erneute Blutabnahme durchgeführt. Clonidin unterdrückt als zentral wirksamer präsynaptischer α_2-Agonist normalerweise die Freisetzung von Noradrenalin in den synaptischen Spalt der sympathischen Nervenendigungen. Bei Patienten mit Phäochromozytom kommt es zu keiner Suppression der Katecholaminkonzentration im Plasma. Der Test ist nur sinnvoll, wenn die basale Noradrenalinkonzentration im Plasma über 750 ng/ml liegt. **Cave** der Suppressionstest darf nur nach strenger Indikationsstellung unter stationären Bedingungen und entsprechenden Sicherheitsmaßnahmen (Blutdruckabfall möglich!) durchgeführt werden.
- Der **Glukagon-Stimulationstest** wird wegen der Gefahr einer hypertensiven Krise nur noch durchgeführt werden, wenn z. B. der Clonidin-Test negativ ist.

▶ Neuere Daten zeigen eine hohe Sensitivität (> 95%) und Spezifität (90%) für die **Plasma-Metanephrine** und die **fraktionierte Metanephrinausscheidung im Urin** in der Diagnostik des Phäochromozytoms. Es ist daher durchaus sinnvoll, die Diagnostik mit der Plasmabestimmung der Metanephrine zu beginnen. Ein weiterer Vorteil ist, dass die Metabolite durch Stress nicht beeinflusst werden.

▶ Nach der biochemischen Sicherung der Diagnose, erfolgt die **Lokalisationsdiagnostik** mittels bildgebender Verfahren.

- Die **Sonographie** kann als Screeningmethode eingesetzt werden, ist aber wegen der geringen Größe der Nebennierentumoren meist nicht ergiebig.
- Obligat sind eine **Magnetresonanztomographie** und eine **Szintigraphie** mit Metaiodobenzylguanidin (^{123}Jod-MIBG-Szintigraphie). Die Vorteile des MRT gegenüber dem CT liegen in den Verzicht auf jodhaltige Kontrastmittel und einem besseren Weichteilkontrast, welcher bei der Differenzierung Adenom/Karzinom vorteilhaft ist. Das MRT hat die höchste Sensitivität, die MIBG-Szintigraphie hat die höchste Spezifität.

- Bei unklaren Befunden in Szintigraphie (10–15% falsch negative Befunde), MRT und CT ist eine **selektive seitengetrennte Blutentnahme** zur Katecholaminbestimmung aus den Nebennierenvenen indiziert.
- Unter Umständen muss eine **etagenweise Blutabnahme** zur Plasma-Katecholaminbestimmung erfolgen, da 10–15% der Tumoren extraadrenal im Bereich des Grenzstrangs lokalisiert sind. Eine gesteigerte Katecholaminproduktion kommt auch bei der sehr seltenen Hyperplasie des Nebennierenmarks vor.

! ***Beachte:*** Folgende Medikamente können die Katecholaminbestimmung beeinflussen:

▶ Erhöhte Katecholaminausscheidung: Methyldopa, L-Dopa, Theophyllin, Tetrazykline.

▶ Erniedrigte Katecholaminausscheidung: Reserpin, α-Methylparatyrosin (Katecholamin-Synthesehemmer).

▶ Diuretika, Kalziumantagonisten, ACE-Hemmer und AT_1-Rezeptorblocker beeinflussen das Testergebnis nicht wesentlich.

! ***Hinweis zur Therapie:*** Im Vordergrund steht die **Adrenalektomie** (*Ausnahme:* Metastasierenden Tumoren). Beim malignen Phäochromozytom ist eine Chemotherapie indiziert.

▶ Zur Behandlung der **hypertensiven Krise** bei Phäochromozytom siehe S. 93.

▶ **Präoperative Blutdruckeinstellung:**
- Phenoxybenzamin (Therapie der Wahl), Doxazosin, Prazosin, Kalziumantagonisten, ACE-Hemmer.
- Betablocker allein dürfen nicht gegeben werden, sondern nur nach effektiver α-Blockade, ansonsten wird eine verstärkte Blutdruck steigernde Wirkung über den α-Rezeptor induziert. Daher sind Hypertoniker, deren Blutdruck unter einer β-Blocker-Therapie ansteigt, sehr verdächtig auf eine Phäochromozytom.

! ***Hinweis:*** Ähnlich wie bei anderen sekundären Hochdruckformen (z. B. renovaskuläre Hypertonie, Conn-Syndrom) normalisiert sich der Blutdruck nach OP des Phäochromozytoms nicht in allen Fällen. Ursache hierfür ist, dass bei lange bestehender Hypertonie eine „Verselbstständigung“ eingetreten ist, bzw. evtl. zusätzlich eine primäre Hypertonie vorliegt, die durch die kausale Therapie der sekundären Hochdruckform nicht beseitigt ist.

! ***Beachte:*** Postoperativ sollte unbedingt eine molekulargenetische Diagnostik zur Erfassung eines MEN-2 (multiple endokrine Neoplasie 2) erfolgen und evtl. ein Familienscreening angeschlossen werden.

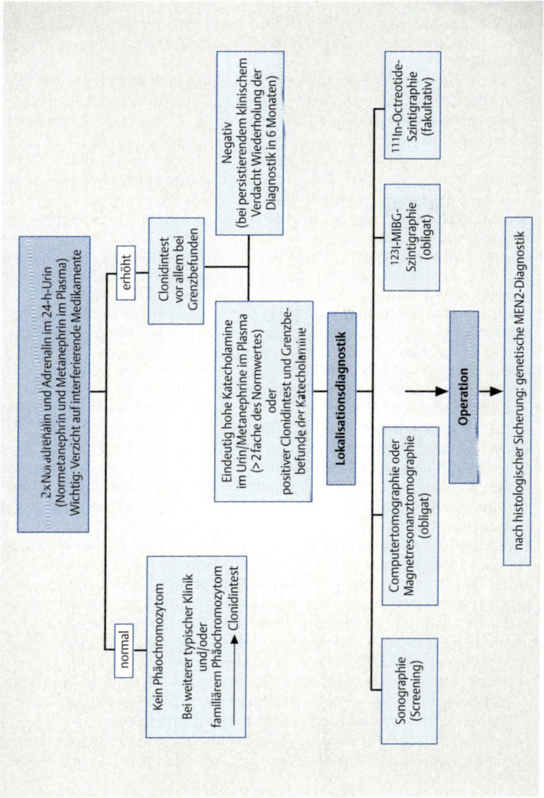

Abb. 7.2 Diagnostik des Phäochromozytoms

Cushing-Syndrom

- **Definition:** Mit dem Begriff Cushing-Syndrom werden alle Zustände einer pathologisch erhöhten Kortisolwirkung zusammengefasst.
- **Ursachen:**
  - Bei ca. 70–80% der Patienten mit dem klinischen Bild eines Cushing-Syndrom handelt es sich um einen ACTH produzierendes **Hypophysenadenom** (Morbus Cushing), in ca. 20% um ein **Nebennierenadenom**.
  - In seltenen Fällen kann ein Cushing-Syndrom durch eine ektope Korisolproduktion im Rahmen eines **paraneoplastischen Syndroms** verursacht sein, z. B. beim kleinzelligen Bronchialkarzinom.
  - Ein **iatrogenes** Cushing-Syndrom kann sich unter der Therapie mit einem Kortisolpräparat entwickeln.
- Die relative **Häufigkeit** in Hypertoniepopulation beträgt ca. 0,5%. Bei ca. 80% der Patienten mit Cushing-Syndrom entwickelt sich eine manifeste Hypertonie.
- Die Diagnose basiert zunächst auf der typischen **klinischen Symptomatik** wie z. B. Stammfettsucht, Mondgesicht, Muskelschwäche, Hirsutismus, Akne, Striae distensae und hämorrhagische Diathese.
- Diese Symptomatik ist sehr spezifisch und entwickelt sich nach entsprechender Manifestationsdauer bei den meisten Patienten.
- Die **biochemische Diagnose** erfolgt durch den Nachwies erhöhter Serum-Kortisolkonzentrationen. Im Sammelurin zeigt sich eine vermehrte Ausscheidung von freiem Kortisol und Metaboliten mit aufgehobenem zirkadianen Rhythmus. Eine erhöhte Ausscheidung des freien Kortisols > 100µg/Tag spricht für eine exzessive Kortisolüberproduktion. Es gibt hierbei keine falsch negativen Befunde, abgesehen von Urinsammelfehlern.
- **Beweisend** für eine autonome Kortisolproduktion ist der anschließende (niedrig dosierte) **Dexamethason-Hemmtest**: Blutentnahme um 8.00 Uhr, nüchtern. Am selben Abend erhält der Patient um 23.00 Uhr 1 mg Dexamethason oral. Normalerweise ist die um 08.00 Uhr am nächsten Morgen bestimmte Plasma-Kortisolkonzentration supprimiert (< 5µg/100 ml), während sie beim Cushing-Syndrom nicht supprimiert wird und ein erhöhter Basalwert vorliegt.
  - In ca. 15% ist der Test allerdings falsch positiv. Ursachen sind Stress, Mangelernährung körperliche Belastung, Glukokortikoidresistenz, Kontrazeptiva, Antiepileptika, endogene Depression.
  - Eine falsch negative Suppression ist mit < 3% sehr gering. Evtl. muss der Dexamethason-Hemmtest in höherer Dosierung (8 mg) wiederholt werden.

- Die Bestimmung des basalen ACTH und ein CRH-Stimulationstest können im Rahmen der erweiterten endokrinologischen Diagnostik zur weiteren Differenzierung der Subgruppen des Cushing-Syndroms durchgeführt werden.
- Nach biochemischer Sicherung der Diagnose erfolgt die **Lokalisationsdiagnostik** mit Sonographie, CT und MRT.

! ***Hinweis zur Therapie:*** Bei Nebennierenrindentumoren ist die Therapie der Wahl die **Adrenalektomie**; bei beidseitigem Befall die bilaterale Adrenalektomie mit lebenslanger Substitution mit Hydrocortison.

Inzidentalome der Nebennieren

- **Definition:** Zur Abklärung einer neu diagnostizierten Hypertonie gehört die Sonographie des Abdomens. Hierbei sucht man insbesondere nach Veränderungen/Erkrankungen der Nieren. Durch die verbesserten Darstellungsmöglichkeiten der Sonographie fallen auch immer häufiger „zufällig" Vergrößerungen der Nebennieren auf (sog. Inzidentalome) bei Patienten, die weder anamnestisch, klinisch oder in der laborchemischen Basisdiagnostik Hinweise auf eine endokrine Hypertonie haben.
- Unabhängig von der Hypertonie werden heute bei CT-Untersuchungen in ca. 1,5% Nebennieren-Inzidetalome entdeckt. Ist der Tumor homogen mit einer Dichte < 10 HU (Hounsfield-Einheiten), so ist er sehr wahrscheinlich benigne.

! ***Merke:*** Ob mit oder ohne Hypertonie ist bei der Beobachtung eines Inzidentaloms eine endokrinologische Diagnostik indiziert.

- **Häufigkeit:** Bei 1500 Hypertonikern fanden sich 8 Inzidentalome, das entspricht einer Häufigkeit von 0,53%. Darunter befand sich 1 Phäochromzytom (bei einem beschwerdefreien Patienten), die restlichen 7 Tumoren waren endokrinologisch inaktiv. Im gleichen Patientenkollektiv wurden bei symptomatischen Patienten aufgrund der Ananmese, der klinischen und laborchemischen Basisuntersuchung 8 Nebennierenerkrankungen diagnostiziert (7 × Hyperaldosteronismus, 1 × erhöhte Katecholaminproduktion bei medullärer Hyperplasie). Bei diesen acht Patienten war die Nebennierenloge sonographisch unauffällig. Die Lokalisationsdiagnostik erfolgte mittels CT.
- Bei geringem zeitlichen Aufwand und ohne zusätzliche Kosten hat die Inspektion der Nebennierenlogen ihren festen Platz in der Primärdiagnostik der Hypertonie. Findet sich ein Tumor oder eine Hyperplasie, muss eine endokrinologische Abklärung erfolgen.
- **Weiteres Vorgehen:**
  - **Hormonaktive Tumoren** werden exstirpiert.

- **Hormon*in*aktive Tumoren** werden je nach Größe exstirpiert oder engmaschig kontrolliert. Tumoren > 6 cm sollten operiert werden. Wenn vor der sonographischen Untersuchung kein klinischer oder laborchemischer Verdacht auf eine adrenale Hypertonieform besteht, ist ein zufällig im Ultraschall entdeckter Tumor in der Mehrzahl der Fälle nicht endokrin aktiv. Das gilt auch für Patienten ohne Hypertonie.

! ***Merke:*** Unabhängig von der Hypertonie, endokrinen Aktivität und Tumorgröße müssen *alle verdächtigen* Tumoren (Karzinom, Metastase, Lymphom usw.) operiert werden.

Hyperthyreose, Hypothyreose

▸ Sowohl eine Überfunktion der Schilddrüse als auch eine Unterfunktion können Ursache einer Hypertonie sein.
  - Die (isolierte) **systolische Hypertonie** (S. 11) wird als typische Begleitform bei ca. 30% der Patienten mit Hyperthyreose beobachtet.
  - Bei der Hypothyreose wird bei ca. 20% der Patienten eine Hypertonie gefunden. Diese kann sowohl den systolischen als auch den diastolischen Blutdruck betreffen.

▸ **Hyperthyreose und Hypertonie:**
  - Hier findet man – ähnlich wie bei anderen sekundären Hochdruckformen – eine Störung des zirkadianen Blutdruckrhythmus mit verminderter nächtlicher Absenkung, aber normalem zirkadianen Rhythmus der Herzfrequenz. Interessanterweise haben aber Patienten mit Hyperthyreose und normalem Blutdruck eine Störung des zirkadianen Herzfrequenzrhythmus: Hier ist die nächtliche Herzfrequenzsenkung vermindert.
  - Die Ursachen der Hypertonie bei Hyperthyreose liegen vorwiegend in einer Steigerung des Herzminutenvolumens und einer gesteigerten Sympathikusaktivität. Die Katecholaminkonzentrationen im Plasma sind zwar bei Hyperthyreose im Normbereich oder sogar niedrig; der Effekt von (infundiertem) Noradrenalin auf den Blutdruck ist jedoch gesteigert. Ursache hierfür ist wahrscheinlich eine erhöhte Dichte von β-Rezeptoren.
  - Das sehr gute Ansprechen der Hyperthyreose und der begleitenden kardiovaskulären Symptome, der Hypertonie und Tachykardie, auf β-Blocker spricht ebenfalls für eine β-adrenerge Sensitivitätssteigerung.
  - Die Blutdruckerhöhung verschwindet in der Regel mit der definitiven Therapie der Hyperthyreose und Wiederherstellung der Euthyreose.

- **Hypothyreose und Hypertonie:**
  - Über die Pathogenese ist nur wenig bekannt. Es besteht ein direkter Zusammenhang zwischen dem Plasmaspiegel der Schilddrüsenhormone und der Ausscheidung und Produktionsrate von Renin und Aldosteron, d. h. die Hypertonie bei Hypothyreose ist charakterisiert durch ein niedriges Plasmarenin.
  - Bei sehr schweren Formen der Hypothyreose, insbesondere im Alter, wird z. T. auch ein niedriger Blutdruck beobachtet, der mit einer herabgesetzten Kontraktilität des Myokards und einem erniedrigten Herzminutenvolumen korreliert.
  - Ähnlich wie bei der Hyperthyreose normalisiert sich der Blutdruck in den meisten Fällen bei der Hypothyreose nach Erreichen einer euthyreoten Stoffwechsellage.

Hyperparathyreoidismus (HP)

- Ein Hyperparathyreoidismus ist häufig mit einer Hypertonie assoziiert: Beim primären HP kommt es zu einer Verdopplung der Hypertonieprävalenz. Andererseits hat ca. 1% aller Hypertoniker einen primären HP.
- Parathormon wird auch immer wieder als wichtiger Faktor in der Pathogenese der primären Hypertonie diskutiert.
- Eine überragende Rolle kommt wahrscheinlich dem unmittelbaren Effekt des Calciums bei der Hochdruckentstehung zu.
- Die Hypertonie beim HP ist meistens nicht schwer und lässt sich gut einstellen.

! ***Merke:*** Im Gegensatz zu anderen endokrinen Hochdruckformen ist der zirkadiane BD-Rhythmus erhalten.

- Nach **operativer Behandlung** kommt es *nicht* immer zu einer Blutdrucknormalisierung. Die asymptomatischen frühen Formen des PH werden leider häufig übersehen, da eine isolierte Hyperkalzämie häufig nicht beachtet und konsequent abgeklärt wird.
- Die Wahrscheinlichkeit, durch ein Calcium-Screening bei Hypertonikern einen Patienten mit PH zu entdecken, ist immerhin ca. 1:150 gegenüber ca. 1:2000 in der Durchschnittsbevölkerung.

Akromegalie

- Bei ca. **60% der Patienten** mit Akromegalie wird eine **Hypertonie** beobachtet.
- Die Hypertonie ist Folge der Natriumretention, die wiederum durch die hohe Konzentration von Wachstumshormon verursacht wird.
- Es kommt zu einer Kardiomegalie mit Erhöhung des Herzminutenvolumens um ca. 50%.

- Die Hypertonie verschwindet in der Regel nach erfolgreicher **Operation**.

Karzinoide

- Karzinoide gehören zu den epithelialen Dünndarmtumoren, die eine Reihe von endokrin wirksamen Substanzen, insbesondere Serotonin und verwandte Substanzen, Histamin, Kinine usw. bilden können.
- Serotonin wird metabolisiert und als Hydroxyindolessigsäure im Urin nachgewiesen.
- Die Hypertonie ist wahrscheinlich primäre Folge der erhöhten Serotoninspiegel.
- Klinisch ist das Karzinoidsyndrom jedoch durch andere eindrucksvolle Symptome wie explosionsartige Durchfälle, abdominelle Krämpfe und Flush-Symptomatik gekennzeichnet.
- Therapie der Wahl ist die großzügig Operation weit im Gesunden.

Hypertonie durch Medikamente

- Eine Reihe ganz verschiedener Medikamente haben eine blutdrucksteigernde Wirkung. Sie können eine Hypertonie induzieren, oder bei bestehendem Hochdruck zu einer Exazerbation führen.
- **Ovulationshemmer (Pille):**
  - Sie sind an erster Stelle zu nennen. Bei jungen Frauen ist die „Pille" nach wie vor wohl die häufigste Ursache für eine Hypertonie. Der Verdacht besteht insbesondere dann, wenn keine anderen Hypertonieursachen vorliegen. Kombinationspräparate aus Östrogen und Gestagen führen zu einer durchschnittlichen Blutdrucksteigerung von 5–7 mmHg systolisch und 2 mmHg diastolisch im Vergleich zu Kontrollkollektiven.
  - Eine Hypertonie wird besonders häufig bei Frauen in den Mittdreißigern nach langjähriger Einnahme oraler Kontrazeptiva beobachtet.
  - Die Hypertonie ist direkte Folge der erhöhten Östrogen- und Gestagenzufuhr.
  - Erst der kontrollierte Absetzversuch, natürlich nach entsprechender frauenärztlicher Beratung, kann den Verdacht bestätigen. Der Blutdruck sollte sich spätestens 2–3 Monate nach Absetzen normalisieren. Normalisiert sich der Blutdruck nicht, so muss nach anderen Hypertonieformen gesucht werden.
- **Medikamente mit blutdrucksteigernder Wirkung bzw. die Wirkung von Antihypertensiva abschwächende Medikamente** (Tab. 7.5): Nach solchen Medikamenten muss gefragt werden bei schlecht eingestelltem Blutdruck, insbesondere wenn die bisherige

Medikation nicht mehr ausreicht, oder wenn eine angebliche Therapieresistenz vorliegt.

- **Adrenerge Substanzen** sind häufig auch in frei verkäuflichen abschwellenden Nasentropfen, Schnupfenmitteln und Augentropfen enthalten. Die vasokonstriktorischen Substanzen können zu erheblichen Blutdruckanstiegen und hypertensiven Krisen führen, die evtl. einen Schlaganfall auslösen können (Substanzen, siehe Tab. 7.5).
- Mit zunehmendem Alter steigt insbesondere der Verbrauch an **nichtsteroidalen Antirheumatika** zur Behandlung von Osteoarthrose- und Osteoarthritisbeschwerden. Insbesondere bei Patienten mit Hypertonie können diese Substanzen zu einer Blutdrucksteigerung führen, und einen bisher gut eingestellten Blutdruck verschlechtern. Dieser Effekt ist insbesondere bei Patienten unter einer Therapie mit β-Blockern ACE-Hemmern zu beobachten.

Tabelle 7.5 Substanzen mit blutdrucksteigernder Wirkung
• Sexualhormone
• Ovulationshemmer
• Östrogen-Substitution
• Androgene
• Adrenerge Substanzen (auch rezeptfrei)
• Ephedrin (Nasentropfen, -spray, Asthmamittel)
• Phenylpropanolamin (Appetitzügler)
• Pseudoephedrin (Schnupfenmittel)
• Phenylephrin (Augentropfen)
• Nichtsteroidale Antirheumatika (NSAR)
• Immunsuppressiva
• Kortikosteroide
• Ciclosporin A
• Biologicals
• Antidepressiva
• MAO-Hemmer
• Trizyklische Antidepressiva
• Ergotamin-Alkaloide (Migränemittel)
• Disulfiram (Alkoholentwöhnungsmittel)
• Erythropoetin
• Andere Substanzen
• Kokain
• Vitamin-D-Intoxikation
• Schwermetalle (Blei, Kadmium, Kupfer)
• Lakritze
• Pastis
• Kautabak

Weitere Ursachen einer sekundären Hypertonie

Aortenisthmusstenose (Koarktation der Aorta)

! ***Merke:*** Bei jedem Hypertoniker sollte initial nicht nur ein Seitenvergleich (linker und rechter Arm), sondern auch ein Vergleich des Blutdrucks zwischen oberer und unterer Extremität erfolgen. Der exakte Seitenvergleich ist nur durch eine simultane Messung (mit zwei Geräten) am rechten und linken Arm bzw. am Arm und Unterschenkel möglich. Normalerweise ist der Druck in den Beinen etwas höher als in den Armen. Insbesondere bei jungen Hypertonikern muss eine angeborene Einengung im Bereich des Aortenbogens ausgeschlossen werden.

- Die **Diagnosestellung** ist ausschließlich mit der klinischen Untersuchung möglich:
  - eine signifikante **Seitendifferenz**,
  - eine Abschwächung des Leistenpulses (beidseitig) und
  - ein niedriger Blutdruck an den unteren Extremitäten.
- Über dem Aortenareal ist ein **Systolikum** auskultierbar. Es besteht meist eine ausgeprägte linksventrikuläre Hypertrophie im Echokardiogramm.
- Im **Röntgenbild des Thorax** sind die charakteristischen **Rippenusuren** nachweisbar. Das Durchschnittsalter der Patienten liegt bei ca. 20 Jahren. Der mittlere Blutdruckgradient zwischen rechtem und linkem Arm war bei 61 Studien-Patienten (nur) 13/4 mmHg. Deutlich größer war der Gradient zwischen der oberen und der unteren Extremität mit 45/15 mmHg. Eine Blutdruckdifferenz zwischen den Armen war bei 83% nachweisbar, ein Gradient zwischen oberer und unterer Extremität in 96% der Fälle.
- In der **ABDM** ist bei Patienten mit Aortenisthmusstenose im Gegensatz zu vielen anderen sekundären Hypertonieformen ein **normaler zirkadianer Rhythmus** mit Nachtabsenkung vorhanden. Dies beruht auf der rein mechanisch bedingten brachiozephalen Hypertonie ohne abnorme (zirkadiane) neurohumorale Aktivität.

! ***Hinweis zur Therapie:*** Therapie der Wahl ist die operative Korrektur. Die perkutane Ballonangioplastie ist bei mäßiggradiger Aortenisthmusstenose und v. a. bei Restenose nach OP eine Alternative.

Schlaf-Apnoe-Syndrom

- **Definition, Ursache:** Das obstruktive Schlaf-Apnoe-Syndrom (OSAS) wird hervorgerufen durch eine pharyngeale Verlegung der oberen Atemwege mit Beginn der Tiefschlafphase. Ursächlich ist ein Tonusverlust der pharyngealen Muskulatur, der zum inspiratorischen Unter-

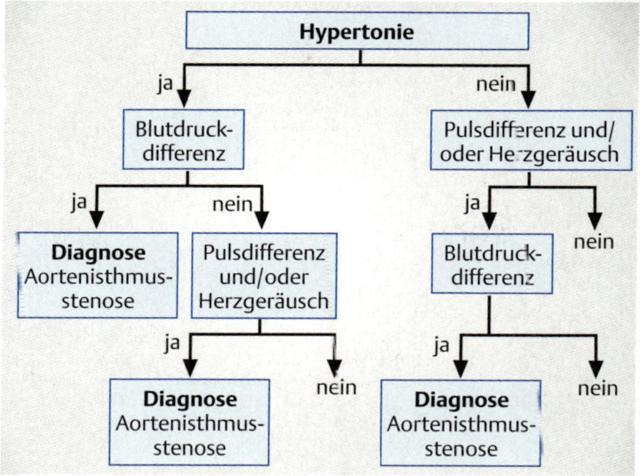

Abb. 7.3 Klinisches Untersuchungsschema bei Aortenisthmusstenose

druck führt. Der Tonusverlust tritt bevorzugt bei adipösen Personen in Rückenlage und nach Alkholkonsum auf.

▶ **Konsequenzen:**

- Als unmittelbare Folge kommt es zur **Hypoxämie und Hyperkapnie** mit Weckreaktionen (sog. arousal), Schlaffragmentierung und starkem Anstieg der Sympathikusaktivität. Die Blutdruck- und Herzfrequenzsteigerung in der Nacht ist am ehesten direkte Folge der **Sympathikusstimulation**. Im Verlaufe einer Nacht kommt im Rahmen der Apnoe-Phasen zu vielen Blutdruckspitzen mit einer Aufhebung der normalen Nachtabsenkung des Blutdrucks.
- Patienten mit OSAS haben in **ca. 50%** eine manifeste **Hypertonie** und regelmäßig eine nächtliche Blutdruckerhöhung. Zu Beginn des OSAS besteht eine isolierte diastolische Hypertonie.
- Die Verdachtsdiagnose basiert zunächst auf den **anamnestischen Angaben**: Morgenmüdigkeit, Kopfschmerzen am Morgen, Einschlafneigung am Tage, unregelmäßiges Schnarchen und Apnoe-Phasen (Partner-Anamnese) und abnehmende Leistungsfähigkeit.

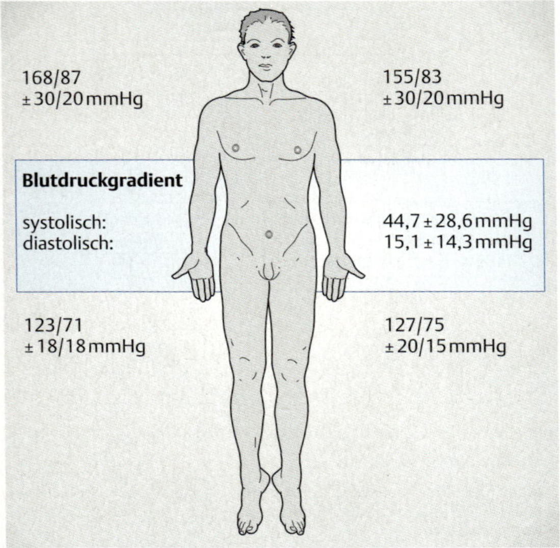

Abb. 7.4 Mittlere Blutdruckwerte und -gradienten an allen vier Extremitäten bei Patienten mit Aortenisthmusstenose

- Patienten mit OSAS sind mehrheitlich übergewichtig. Männer sind deutlich häufiger betroffen als Frauen. Alkohol- und Schlafmittelabusus kommen häufiger vor.

! ***Merke:*** Bei Hypertonikern muss daher insbesondere dann an ein OSAS gedacht werden, wenn folgende Punkte zusammentreffen:
- Unregelmäßiges Schnarchen/Atemstillstände (Partner-Anamnese).
- Morgenmüdigkeit, Einschlafneigung am Tage.
- Adipositas, Halsumfang > 48 cm.
- Erhöhter Alkoholkonsum, Schlafmittelkonsum.
- Nächtliche Hypertonie in der ABDM bzw. inverser zirkadianer Blutdruckrhythmus.

- Linksventrikuläre Hypertrophie ungeklärter Genese.
- Schwer einstellbare oder therapierefraktäre Hypertonie.

▶ **Diagnosestellung:** Die Diagnose kann mittels ambulanter Messung mit entsprechenden Geräten zur **kardio-respiratorischen Analyse** und **nächtlichen Pulsoxymetrie** (Polygraphie) gestellt werden. In Abhängigkeit vom Ergebnis wird die Indikation für eine Untersuchung im Schlaflabor gestellt (**Polysomnographie**).

▶ **Therapie:**

- Eine evtl. notwendige nächtliche **nCPAP-Behandlung** wird im Schlaflabor nach entsprechender polysomnographischer Überwachung eingeleitet und kontrolliert. Die Therapie mit kontinuierlichem positiven Atemwegsdruck (continuous positive airway pressure) zur Beseitigung der pharyngealen Obstruktion ist sehr effektiv zur Beseitigung der Schlafapnoe, Verbesserung der Lebensqualität, Verminderung der Tagesmüdigkeit und führt auch zur Blutdrucksenkung mit Wiederherstellung des zirkadianen Rhythmus.
- Bei übergewichtigen Patienten ist die **Gewichtsreduktion** die wichtigste kausaltherapeutische Maßnahme.

! ***Hinweis:*** Das Schlaf-Apnoe-Syndrom kann mit Recht als sekundäre Hypertonieform bezeichnet werden, da klare pathogenetische Vorstellungen zur Hypertonieentstehung vorliegen, und die kausale Therapie u. a. zur Blutdrucksenkung bzw. -normalisierung führt.

Neurovaskuläre Kompression

▶ In den letzten Jahren wurde immer wieder über die **neurovaskuläre Kompression des Hirnstamms** als eine mögliche Ursache der Hypertonie berichtet. Die erste Beschreibung geht auf Fein und Frishman in 1980 zurück.

▶ Durch eine aberrierend verlaufende Arterie kann es im Hirnstammbereich zu einem Gefäß-Nerven-Kontakt kommen, der als neurovaskuläre Kompression bezeichnet wird. Diese Kompression kann über eine **gesteigerte Sympathikusaktivität** zur Hypertonie führen. Der Nachweis der Gefäßschlinge erfolgt mittels **MRT**.

▶ Durch operative Unterbindung des Gefäß-Nerven-Kontakts ließ sich bei einigen Patienten eine dauerhafte Besserung oder Normalisierung des erhöhten Blutdrucks erreichen. Vorschnell wurde hieraus bereits eine häufige Ursache der primären Hypertonie abgeleitet.

! ***Hinweis:*** Es gibt bisher keine prospektiven, kontrollierten Studien zu diesem Komplex!

▶ Neuere Untersuchungen zur Prävalenz der neurovaskulären Kompression bei Hypertonikern und normotensiven Kontrollen zeigen keinen Unterschied in der Häufigkeit des Vorkommens.

▸ Ob im Einzelfall bei schwerer therapierefraktärer Hypertonie eine entsprechende Diagnostik durchgeführt werden sollte, ist zur Zeit sehr fraglich. Eine Operation, wenn überhaupt, sollte nur im Rahmen einer kontrollierten klinischen Studie durchgeführt werden.

8 Akute Komplikationen und Folgekrankungen der Hypertonie

8.1 Akute Komplikationen

Hypertensive Krise und hypertensiver Notfall

! ***Hinweis:*** Etwa ein Viertel der ins Krankenhaus eingelieferten internistischen Notfallpatienten hat eine unkontrollierte symptomatische Hypertonie mit entsprechenden Organkomplikationen. Die Differenzierung in **hypertensiven Notfall** bzw. **hypertensive Krise** (hypertensive Dringlichkeit) ist unabdingbar, weil hieraus ganz akut sehr unterschiedliche therapeutische Konsequenzen resultieren (S. 108). Die unterschiedlichen Symptome, eine gezielte Anamnese und eine komplette klinische Untersuchung, ergänzt durch die Labordiagnostik, ermöglichen eine klare Trennung zwischen Notfall und Krise.

▸ **Epidemiologie:**
- Männer sind doppelt so häufig betroffen wie Frauen.
- Niedriger Sozialstatus, mangelnde Therapietreue, Drogen, Alkoholabusus, orale Kontrazeption und Nikotinabusus erhöhen die Wahrscheinlichkeit für einen hypertensiven Notfall bzw. eine hypertensive Krise.
- Erhöhte Blutdruckwerte und abrupte Blutdrucksteigerungen werden von älteren Patienten mit einer vorbestehenden chronischen Hypertonie oft besser toleriert als bereits geringere Anstiege aus dem niedrigen oder normotonen Bereich heraus, z. B. bei jüngeren Patienten im Rahmen einer Glomerulonephritis oder Schwangerschaft. Bei ca. 90% entwickelt sich der hypertensive Notfall jedoch aus einer primären Hypertonie.

▸ **Hypertensive Krise/Dringlichkeit (hypertensive urgency):** Die hypertensive Krise ist durch eine starke Blutdruckerhöhung **ohne Hinweis auf eine akute Organschädigung, schwerwiegende Funktionseinschränkung und ohne eine unmittelbare Lebensbedrohung** charakterisiert. Eine rasche Blutdrucksenkung ist nicht erforderlich, insbesondere die parenterale Gabe antihypertensiver Substanzen ist nicht angezeigt, selbst wenn Hinweise auf chronische hypertensive Organschäden bestehen (z. B. linksventrikuläre Hypertrophie, Niereninsuffizienz mit Proteinurie). Die Entscheidung über eine adäquate Therapie kann erst nach sorgfältiger Anamnese, klinischer Untersuchung und Labordiagnostik erfolgen.

! **Beachte:** Eine rasche unnötige Blutdrucksenkung kann bei der hypertensiven Krise zu unkontrolliertem Blutdruckabfall mit der Gefahr einer zerebralen oder kardialen Ischämie führen. Eine Blutdrucknormalisierung ist nicht in jedem Fall zwingend notwendig Oft reicht die erneute Verabreichung der bereits verordneten Dauermedikation.

! **Hinweis:** Eine hypertensive Krise kann unvermittelt in einen hypertensiven Notfall übergehen. Besonders gefährdet sind Patienten mit vorbestehenden Gefäßerkrankungen an Hirn, Herz und Nieren.

- **Hypertensiver Notfall (hypertensive emergency):** Beim hypertensiven Notfall besteht ein schwerer und häufig plötzlich einsetzender **kritischer Blutdruckanstieg mit lebensbedrohlichen Komplikationen** durch progrediente Organschäden und schwerwiegende Funktionseinschränkungen. Sehr häufig sind *akute zerebrale und zerebrovaskuläre Ereignisse und Funktionseinschränkungen* (Hochdruckenzephalopathie, intrakranielle Blutung), ein *akutes Koronarsyndrom*, eine *akute Linksherzinsuffizienz* oder eine *akute Niereninsuffizienz*.

! **Beachte:** Die Notfallsituation wird nicht durch die absolute Blutdruckhöhe bestimmt, sondern durch die akute klinische Situation mit zunehmender Organschädigung. Daher ist beim hypertensiven Notfall eine sofortige Blutdrucksenkung notwendig, um weitere Schäden am Gefäß- und Organsystemen zu verhindern. Patienten mit einem hypertensiven Notfall müssen intensiv behandelt und überwacht werden (siehe Therapie, S. 108).

- **Auslöser einer hypertensiven Krise:** Siehe Tab. 8.1.
- **Pathophysiologie:**
  - Im Vordergrund steht eine schwere Vasokonstriktion als Folge einer *gesteigerten sympathischen Aktivität* mit erhöhter Noradrenalin-Freisetzung (z. B. ausgelöst durch psychische Krisen, Panikattacken,

Tabelle 8.1 Auslöser einer hypertensiven Krise

- Entgleisung einer primären Hypertonie (z. B. Stress induziert, Panikattacke)
- nach Absetzen bzw. Unterbrechung einer antihypertensiven Therapie
- Medikamente und Drogen (s. u.)
- Präeklampsie
- schwere renoparenchymatöse und renovaskuläre Hypertonie
- endokrine Hypertonie (Phäochromozytom, Karzinoid u. a.)

durch ein Entzugssyndrom, Phäochromozytom u. a.) *und/oder* eine *gesteigerte Aktivität des Renin-Angiotensin-Aldosteron-Systems* (renale, renovaskuläre und maligne Hypertonie).

- Der starke Blutdruckanstieg und die arterioläre Vasokonstriktion führen zur Gewebeischämie und Schädigung des Endothels mit erhöhter Gefäßpermeabilität und Aktivierung der Gerinnungskaskade sowie Fibrinablagerungen, erhöhter Thrombozytenaggregation und Leukozytenadhäsion mit einer entzündlichen Reaktion des Endothels. (**! *Hinweis:*** Daher sind Vasodilatatoren im weiteren Sinne die Mittel der Wahl zur Behandlung der hypertensiven Krise, S. 116).
- Getriggert werden die schweren Gefäßschäden durch eine *Überschreitung der Autoregulationsbereiche* in den besonders betroffenen Organen Hirn und Niere. So wird im Gehirn die schwere Vasokonstriktion z. B. nach längerer Überschreitung der Autoregulationsgrenze ab einem arteriellen Mitteldruck von > 120 mmHg durch eine Vasodilatation („*breakthrough vasodilatation*") abgelöst. Die daraus resultierende zerebrale Hyperperfusion führt bei nach wie vor bestehendem systemischen Hochdruck zu einer mechanischen Endothelschädigung.

! *Beachte:* Dies ist der Grund, warum ältere Patienten mit einer chronischen Hypertonie, bei denen bereits eine Verschiebung der Autoregulationsgrenzen in höhere Bereiche besteht, einen krisenhaften Blutdruckanstieg besser tolerieren, als jüngere Patienten mit normalem oder niedrigem Blutdruck und einer intakten Autoregulation in niedrigen Grenzen. Bei letzteren reichen vergleichsweise geringere Blutdruckanstiege aus, um die Autoregulation zu durchbrechen.

- Im weiteren Verlauf kann es als Folge der *Drucknatriurese* und weiteren Stimulation des Renin-Angiotensin-Aldosteron-Systems zu einer *Abnahme des Blutvolumens* kommen. Mit Ausnahme der „gestauten" Patienten mit Lungenödem und Herzinsuffizienz, sind daher die meisten Patienten im hypertensiven Notfall hypovolämisch. **! *Konsequenz:*** Wenn nicht deutliche Zeichen der Stauung und Überwässerung bestehen, sollten Diuretika daher zunächst zurückhaltend eingesetzt werden.

▶ **Komplikationen des hypertensiven Notfalls:** In der Häufigkeitsverteilung führen die **zerebro- und kardiovaskulären Komplikationen** mit entsprechenden zerebralen und kardialen Manifestationen (Tab. 8.2).

Tabelle 8.2 Häufigkeit hypertensiver Notfälle

Komplikation	Häufigkeit (%)
Ischämischer Schlaganfall	24,5
Akutes Lungenödem	22,5
Hypertensive Enzephalopathie	16,3
Akute Herzinsuffizienz	14,3
Akutes Koronarsyndrom	12,0
Zerebrale und subarachnoidale Blutung	4,5
Eklampsie	4,5
Aortendissektion	2,0

▶ **Diagnostik:**

! ***Hinweis:*** Für die präklinische Differenzierung zwischen Notfall und Krise reicht eine gezielte Anamnese und klinische Untersuchung. Das Ziel ist es, die *akuten Organschäden schnell zu identifizieren* (→ Ausschluss oder Bestätigung eines hypertensiven Notfalls) und die Ursache der Blutdrucksteigerung möglichst zu eruieren.

- Die *Messung des Blutdrucks* muss nach der konventionellen Methode an beiden Oberarmen mit einer dem Oberarmumfang angepassten Manschette gemessen werden (S. 38).
- Eine *Spiegelung des Augenhintergrunds* ist unerlässlich (→ Diagnose des Fundus hypertonicus, siehe Tab. 8.8).
- Die weitere körperliche Untersuchung muss insbesondere einen *kompletten Pulsstatus* (→ ein peripheres Pulsdefizit weist u. a. auf eine Aortendissektion [S. 118] hin), die *kardiopulmonale und neurologische Untersuchung* beinhalten.

! ***Hinweis:*** Weiteres Vorgehen nach dem Ausschluss eines Notfalls: Erhebung der *Eigenanamnese* (frühere und vorbestehende renale, zerebrale und kardiovaskuläre Erkrankungen), *der Fremdanamnese* und einer *gezielten Medikamentenanamnese*:
- Antihypertensive Medikation?
- Blutdrucksteigernde Medikamente: Orale Kontrazeptiva, MAO-Hemmer, Sympathikomimetika, Amphetamine?
- Abrupter Entzug von Betablockern, Clonidin?
- Drogeneinnahme: Kokain, Amphetamine?
- Alkholexzess, -entzug?

- *Laboruntersuchungen:* Blutbild mit Blutausstrich (Hämolyse?), Kreatinin, Harnstoff, Elektrolyte und Urinanalyse, evtl. ein Schwangerschaftstest.
- *Weitere Untersuchungen:* EKG, Röntgen-Thorax, abdominelle Sonographie und Schädel-CT (insbesondere bei Patienten mit neurologischer Symptomatik, Vigilanzstörungen, V.a. Hochdruckenzephalopathie).

! ***Beachte:*** Falls eine *Reninbestimmung* schnell verfügbar ist, kann das Ergebnis für differenzialtherapeutische Entscheidungen hilfreich sein: Bei erhöhter Renin-Aktivität (Plasmarenin > 0,65 ng/ml/hr) empfiehlt sich eher eine Substanz, die das Renin-Angiotensin-System blockiert (z. B. ACE-Hemmer [S. 145], Betablocker [S. 149] oder AT_1-Blocker [S. 147]). Für Patienten mit niedrigem Plasmarenin (< 0,65 ng/ml/h) kommen eher Vasodilatatoren (S. 145 ff.), Diuretika (S. 153), Kalziumantagonisten (S. 157) und Alphablocker (S. 160) in Betracht. Zu diesem Prozedere gibt es allerdings keine prospektive Studie.

! ***Wichtig:*** Der Blutdruck muss kontinuierlich kontrolliert werden!

- **Symptome der hypertensiven Krise:**
  - *Zerebral:* Kopfschmerzen, Schwindel, Übelkeit, Erbrechen, Benommenheit, Agitation, neurologische Ausfälle.
  - *Kardial:* Brustschmerzen, Atemnot.
  - *Auge:* Sehstörungen, Flimmern.
  - Nasenbluten.
- **Symptome des hypertensiven Notfalls:** Siehe Tab. 8.3.
- Zur Häufigkeitsverteilung der Symptomatik beim hypertensiven Notfall und der hypertensiven Krise: Siehe Tab. 8.4.
- **Therapie der hypertensiven Krise:** Bei einer **hypertensiven Krise** ist keine sofortige Blutdrucksenkung erforderlich! Es reicht den Blutdruck durch orale Gabe eines Antihypertensivums im Verlauf der nächsten 24 Stunden zu senken.

! ***Beachte:*** Bei einer hypertensiven Krise sollte keine intravenöse Therapie durchgeführt werden, da hierdurch evtl. mehr Schaden als Nutzen angerichtet werden kann (→ zu schnelle und massive Senkung des Blutdrucks mit Gefahr eines Kollapses).

- **Therapie des hypertensiven Notfalls:** Liegt ein **hypertensiver Notfall** vor, ist eine unverzügliche Blutdrucksenkung anzustreben. Diese sollte aber trotzdem nach Ausmaß und Geschwindigkeit kontrolliert und vorsichtig verlaufen. **Beachte:** Die intravenöse Therapie darf nur unter intensivmedizinischen Bedingungen durchgeführt werden.

! ***Hinweis:*** Es gibt keine kontrollierten Studien mit harten Endpunkten zur Therapie des hypertensiven Notfalls. Daher beruhen die Empfeh-

Tabelle 8.3 Manifestationen und Symptomatik des hypertensiven Notfalls

Manifestationsorgan	Typische Symptomatik
zerebral: Enzephalopathie, Blutung, Infarkt	Kopfschmerzen, Sehstörungen, Schwindel, Übelkeit, Erbrechen, Vigilanzstörungen bis Koma, Krampfanfälle, Parästhesien, Paresen
kardial: Angina pectoris, akutes Koronarsyndrom, Infarkt, Lungenödem, Herzinsuffizienz	Thoraxschmerz, Atemnot, Herzrhytmusstörungen, Schock
vaskulär: Dissezierendes Aortenaneurysma	Vernichtungsschmerz, Puls- und BD-Differenzen an den Extremitäten, Schock, Ischämiesymptome
renal: Akute Niereninsuffizienz	Oligurie/Anurie, Proteinurie, Hämaturie, Atemnot, evtl. urämisch bedingte Vigilanzstörungen, Foetor urämicus
okulär: Hypertensive Retinopathie	Sehstörungen bei Papillenödem und/oder Netzhautblutungen
Schwangerschaft: (Prä-) Eklampsie	Vigilanzstörungen, Krampfanfälle, Proteinurie, Ödeme

Tabelle 8.4 Häufigkeitsverteilung der Symptomatik beim hypertensiven Notfall und der hypertensiven Krise

hypertensiver Notfall	hypertensive Krise
Brustschmerz (27%)	Kopfschmerzen (22%)
Atemnot (22%)	Nasenbluten (17%)
neurologische Ausfälle (21%)	Benommenheit, Agitation (20%)
Benommenheit (10%)	Brustschmerz (9%)
Parästhesien (8%)	Atemnot (9%)
andere (Übelkeit, Erbrechen, Schwindel, Kopfschmerzen) (12%)	neurologische Ausfälle (7%)

lungen auf Konsensusvereinbarungen und Expertenempfehlungen. Das Ziel ist die Senkung des Blutdrucks als Surrogatparameter, um weitere Organschäden zu vermeiden. Der mittlere arterielle Druck sollte um ca. 20–25% in den ersten 4 Stunden gesenkt werden. Eine Senkung < 180 mmHg systolisch und < 100 mmHg diastolisch sollte vermieden werden. Die Therapie sollte unmittelbar eingeleitet werden, auch wenn noch nicht alle diagnostischen Ergebnisse verfügbar sind.

- Als *initiales Therapieschema* empfiehlt sich folgendes Vorgehen:
  - 1,2 mg Nitroglycerin sublingual oder als Spray (Mittel der Wahl bei Lungenödem und akutem Koronarsyndrom).
  - Orale Gabe von 5 mg Nifedipin oder 20 mg Nitrendipin in einer schnell resorbierbaren Form (p. o./s.l.). **Cave:** Kontraindikation Akutes Koronarsyndrom, Herzinsuffizienz. Zurückhaltung bei älteren Patienten und Diabetikern!

Tabelle 8.5 Therapieempfehlung nach der führenden Symptomatik bzw. Organschäden

Notfallsituation	bevorzugte Therapie	Bemerkung
Gehirn		
Enzephalopathie	Urapidil, β-Blocker, Nitroprussid-Natrium	keine zentrale wirkenden Medikamente (z. B. Clonidin), keine Diuretika und Dihydralazin, evtl. zusätzlich Antikonvulsiva
Hirnblutung	Urapidil, Nitroprussid-Natrium, Nifedipin	
ischämischer Hirninfarkt	Urapidil, ACE-Hemmer, Candesartan	
Herz		
akute Linksherzinsuffizienz	Nitrate, Furosemid, ACE-Hemmer	Kontraindikation: β-Blocker
akutes Koronarsyndrom	Nitrate, β-Blocker, Diuretikum, ACE-Hemmer	Kontraindikation: Kalziumantagonisten
Aortendissektion	β-Blocker, Urapidil, Nitroprussid-Natrium	keine isolierten Vasodilatanzien, zusätzlich Sedierung, Schmerztherapie
Niereninsuffizienz	Urapidil, Clonidin, α-Blocker, evtl. Schleifendiuretika, Kalziumantagonisten, Hämodialyse	ungeeignet: Enalaprilat
Präeklampsie	Dihydralazin, α-Methyldopa, Urapidil, Magnesium	ungeeignet: Enalaprilat, Nitroprussid-Natrium
perioperativ	Urapidil, Clonidin, β-Blocker	
Phäochromozytom	kombinierte α- + β-Blockade	
Drogenabusus	Urapidil	

- 25 mg Urapidil langsam i. v.
- Evtl. 0,075 mg Clonidin langsam i. v./s. c.

! ***Hinweis:*** Die blutdrucksenkende Wirkung von Nitroglycerin und Nitrendipin ist etwa gleich. Nitroglyzerin senkt den Blutdruck rascher, führt allerdings auch häufiger zu Nebenwirkungen wie Kopfschmerz und Flush-Symptomatik (24%) als Nitrendipin (7%). Allerdings werden mit Nitrendipin häufiger schwerere Blutdruckabfälle beobachtet.

- Im *weiteren Verlauf* sollte der Blutdruck langsam auf ein Niveau von ca. 160/100 mmHg gesenkt werden. Wenn dieses Blutdruckniveau gut toleriert wird, sollte es über die nächsten 12 bis 24 Stunden gehalten werden.

! ***Merke:*** Abrupte Drucksenkungen unter dieses Niveau bergen die Gefahr zerebraler, kardialer und renaler Ischämien. Beim dissezierenden Aortenaneurysma muss der Blutdruck allerdings so niedrig wie möglich gesenkt werden. *Ziel:* < 110 mmHg systolisch!

- Die Wahl der Mittel richtet sich nach den führenden Symptomen bzw. Organschäden (Tab. 8.5). Zur intravenösen Therapie stehen verschiedene Substanzgruppen zur Verfügung (Tab. 8.6). Bei Anwendung der intravenösen Therapie muss sehr streng auf die jeweilige Dosierungsanleitung und auf wichtige Warnhinweise geachtet werden. Wegen der einfacheren Steuerung sollten zur intravenösen Dauerinfusion Nitroglyzerin, Urapidil, Clonidin und Dihydralazin bevorzugt werden, falls keine Kontraindikationen bestehen. Bei Tachykardie sind zusätzlich β-Blocker zu verabreichen, bei Kontraindikationen gegen β-Blocker Verapamil.
- Bei Lungenödem, Herzinsuffizienz und Niereninsuffizienz mit Überwässerungempfiehlt sich die Gabe von Furosemid (20–40 mg i. v.).
- Bei präterminaler oder terminaler Niereninsuffizienz mit Überwässerung kann ein hypertensiver Notfall evtl. nur durch Hämodialyse oder Hämofiltration beherrscht werden.
- Patienten mit einem dissezierenden Aortenaneurysma sollten initial mit einem β-Blocker therapiert werden.

Maligne Hypertonie

- Die **maligne Hypertonie** ist **keine akute Komplikation** der Hypertonie, sondern eine Verlaufsvariante mit sehr stark erhöhten Blutdruckwerten (diastolischer Blutdruck > 120–130 mmHg), die meist über längere Zeit bestehen.
- Eine maligne Hypertonie kann sich aus jeder Hochdruckform entwickeln.

Tabelle 8.6 Antihypertensiva zur Behandlung des hypertensiven Notfalls

Wirkstoffgruppe	Wirkstoff
Dosierung	**Wirkungseintritt/Wirkdauer**
α-Blocker	Urapidil
12,5–25 mg i. v. als Bolus 5–30 mg/h	2–10 min/ca. 6 h
β-Blocker	Esmolol
500 µg/kgKG für 1 min, danach 50–200 µg/kgKG/min	1–2 min/10–20 min
	Metoprolol
5–15 mg i. v.	
Diuretika	Furosemid
20–250 mg i. v., langsam: nicht schneller als 4 mg/min, 50–100 mg/h	15 min
ACE-Hemmer	Enalaprilat
1,25 mg i. v. initial, 1,25–2,5 mg alle 6 h	15 min/6 h
	Captopril
6,25 mg p. o. initial 25–75 mg/d	15 min/4–6 h
Kalziumantagonisten	Nitrendipin, Nifedipin
5 mg p. o. oder s.l.	5–10 min/2–6 h
	Verapamil
5–10 mg i. v. als Bolus 3–25 mg/h i. v.	1–5 min/30–60 min
Nitrate	Glyceroltrinitrat
0,8–1,2 mg s.l. (2–3 Hübe) 1–8 mg/h i. v.	1–3 min/5–10 min
zentral wirksame Substanzen	Clonidin
0,075 mg langsam i. v. 9–45 µg/h (max. 1,2 mg/d)	10–15 min/6–8 h

Tabelle 8.6 Antihypertensiva zur Behandlung des hypertensiven Notfalls (Fortsetzung)

Wirkstoffgruppe Dosierung	Wirkstoff Wirkungseintritt/Wirkdauer
direkte Vasodilatatoren	Dihydralazin
6,5–12,5 mg i. v. 1,5–7,5 mg/h (max. 100 mg/d)	5–20 min/ca. 4 h
	Nitroprussid-Natrium
initial 0,2 µg/kgKG/min, max. 10 µg/kgKG/min, Höchstdosis 1,5 mg/kgKG	**Cave:** Sofort sehr starke Blutdrucksenkung/2–3 min

▶ Charakteristisch ist ein aufgehobener Tag-Nacht-Rhythmus, eine ausgeprägte hypertensive Retinopathie (Fundus hypertonicus Grad III und IV, Tab. 8.8), eine rasch progrediente Niereninsuffizienz und Hochdruckenzephalopathie. Maligne Verlaufsformen werden heute dank der sehr guten Möglichkeiten der antihypertensiven Dauertherapie nur noch selten gesehen.

8.2 Folgeerkrankungen

! ***Hinweis:*** Die Prognose der Hypertonie hängt wesentlich von den Folgeerkrankungen (hypertensive Organmanifestationen) ab! Die wichtigsten Organschäden betreffen das Herz (S. 118), das ZNS (S. 120), die Nieren (S. 120) und die Gefäße (S. 118).

Folgeerkrankungen an den Gefäßen

! ***Hinweis:*** Die meisten Folgeerkrankungen lassen sich auf die frühzeitige Entwicklung einer hypertoniebedingten Arteriosklerose zurückführen:
- Koronare Herzkrankheit, S. 119.
- Transitorische ischämische Attacke und Hirninfarkt, S. 120.
- Hypertensive Nephropathie, S. 120.
- Hypertensive Retinopathie, S. 113, 121.

▶ **Diagnostik:** Am einfachsten gelingt der Nachweis der Arteriosklerose in der Karotisduplexsonographie → Nachweis einer Intima/Media-Verdickung (> 0,9 mm) bzw. Nachweis von arteriosklerotischen Plaques.

! ***Merke:*** Eine erhöhte Dicke der Karotis (> 0,9 mm) korreliert mit einem erhöhten Schlaganfall- und Herzinfarktrisiko!

- **Bauchaortenaneurysma:** 10% der männlichen Hypertoniker >65 Jahre.
  - *Symptome:* Rückenschmerzen, in die Beine ausstrahlende Schmerzen, pulsierender abdomineller Tumor.
  - *Komplikationen:* Gedeckte Ruptur (→ Bild des akuten Abdomens), freie Ruptur (→ Blutungsschock).
  - *Diagnose:* Sonographie, evtl. Angio-CT, MRT.
- **Aortendissektion:** ! ***Beachte:*** Ca. 80% der Patienten sind Hypertoniker! Lebensbedrohlich! I.d.R. ist die thorakale Aorta betroffen.
  - *Symptome:* Akuter thorakaler Schmerz, Schocksymptomatik.
  - *Komplikationen:*
    - Bei Dissektion in Höhe des Aortenbogens unter Einschluss der Aorta ascendens (= *Typ A nach Stanford*) (→ Koronararterien können betroffen sein!): Evtl. Puls- und Blutdruckdifferenz, Aorteninsuffizienz, Herzbeuteltamponade, Herzinfarkt durch Verlegen der Koronarien.
    - Bei Dissektion in Höhe des Aortenbogens unter Einschluss der Aorta descendens: Evtl. Hämatothorax, Blutung ins Mediastinum und/oder Abdomen, Niereninsuffizienz und/oder Mesenterialarterieninfarkt (durch Verlegung der Nieren- bzw. Mesenterialarterien).
- **Periphere arterielle Verschlusskrankheit (pAVK)** durch die hypertoniebedingte Arteriosklerose der Extremitätenarterien (meistens der unteren Extremität). Hypertoniker leiden etwa doppelt so häufig an einer pAVK wie Normotoniker (! ***Hinweis:*** Allerdings ist nicht die Hypertonie, sondern der Nikotinabusus der bedeutendste Risikofaktor für die Entwicklung einer pAVK!). Typische Symptome sind der belastungsabhängige Ischämieschmerz, kalte, blasse Extremitäten, abgeschwächter bis fehlender Puls distal der Stenose evtl. Hautulzera und Nekrosen.

! ***Merke:*** Der Schmerz ist immer distal der Stenose lokalisiert!

Folgeerkrankungen am Herzen – Hypertensive Herzerkrankung

- **Linksherzinsuffizienz:** ! ***Merke:*** Alle hypertoniebedingten Folgen am Herzen münden letztendlich in der Ausbildung einer Linksherzinsuffizienz! Etwa 65% aller Hypertoniker versterben an einer Linksherzinsuffizienz oder den Folgen der koronaren Herzerkrankung!

- *Symptome der Linksherzinsuffizienz:*
  - Dyspnoe und Tachypnoe, Tachykardie.
  - Orthopnoe und nächtliches Husten (= *paroxysmale nächtliche Dyspnoe*).
  - Periphere Zyanose durch erhöhte periphere O_2-Ausschöpfung.
  - Leistungsabfall, Schwächegefühl.
  - Evtl. zerebrale Funktionsstörungen durch verminderte zerebrale Durchblutung.
- *Komplikationen der Linksherzinsuffizienz:*
  - Lungenödem: Starke Dyspnoe, Orthopnoe, Rasselgeräusche, schaumiges Sputum, Zyanose).
  - Herzrhythmusstörungen.
  - Kardiogener Schock.
  - Venöse Thrombosen → Gefahr der Lungenembolie.
  - Kardiale Thromben → Gefahr arterieller Embolie.
- *Linksventrikuläre Hypertrophie:* Da der linke Ventrikel dauerhaft gegen einen erhöhten Auswurfwiderstand anarbeiten muss, entwickelt das Herz als Kompensationsmechanismus eine *konzentrische Hypertophie*. Sehr früh kommt es bei den Patienten zu einer diastolischen Relaxationsstörung mit einer verminderten Dehnfähigkeit und Füllung des linken Ventrikels. Im weiteren Verlauf kommt es zu einer systolischen Pumpstörung mit verminderter Ejektionsfraktion. Übersteigt die Herzmuskelmasse die kritische Gewichtsgrenze von 500 g, entwickelt sich eine relative Koronarinsuffizienz (Zunahme der O_2-Diffusionsstrecke), d. h. der Herzmuskel wird nicht mehr ausreichend mit Sauerstoff versorgt. Infolge der Myokardischämie nimmt die Leistungsfähigkeit des Herzens ab und es kommt zur sog. *exzentrischen Hypertrophie* (Gefügedilatation) mit Entwicklung einer Linksherzinsuffizienz.
- *Koronare Herzerkrankung (KHK):* Die arterielle Hypertonie gehört zu den Hauptrisikofaktoren für die Entwicklung einer KHK (**! Hinweis:** Weitere beeinflussbare Risikofaktoren sind Nikotinabusus, Dislipoproteinämie, Diabetes mellitus, Adipositas und Bewegungsmangel). Sie führt zur Entwicklung einer Arteriosklerose der großen epikardialen Koronararterien und zur Mikroangiopathie der kleinen intramuralen Koronargefäße. Folgen der KHK sind neben der Entwicklung einer Linksherzinsuffizienz (s. o.) die Angina pectoris bzw. der Herzinfarkt, Herzrhythmusstörungen und der plötzliche Herztod.
- *Vergrößerung des linken Vorhofs* mit Vorhofflimmern.
- *Arteriosklerotische Aortenstenose.*

Folgeerkrankungen am Gehirn

! ***Hinweis:*** An den zerebralen Folgeerkrankungen versterben ca. 15% der Hypertoniker!

- **Transitorische ischmische Attacke (TIA) und ischämischer Hirninfarkt:** ! ***Merke:*** Die Hypertonie ist der wichtigste und häufigste Risikofaktor für den ischämischen Schlaganfall. Hypertonie erhöht das Schlaganfallrisiko um den Faktor 4! TIA und ischämische Hirninfarkte entstehen durch die hypertoniebedingte arteriosklerotische Thrombose bzw. eine Mikroangiopathie.
- **Hypertensive Massenblutung:** Seltener als der ischämische Hirninfarkt.
- **Akute Hochdruckenzephalopathie:** Selten im Rahmen des hypertensiven Notfalls (S. 109). Typische Symptome sind Schwindel, Kopfschmerzen und Sehstörungen.
- **Vaskuläre Demenz:** Die Hypertonie ist ein wichtiger Risikofaktor für die Entwicklung einer vaskulären (subkortikalen) Demenz. Im Vordergrund stehen Störung des Affekts, des Antriebs, der Vigilanz, Konzentration und Aufmerksamkeit. Evtl. zusätzlich Zeichen einer fokalen Hirnschädigung (z. B. Pyramidenbahnzeichen, Aphasie, Inkontinenz). Typisch ist der fluktuierende Verlauf mit schrittweiser Verschlechterung. Nachweis im MRT (multiple lakunäre Hirninfarkte). ! ***Hinweis:*** Eine Studie zeigte, dass ein Blutdruckanstieg um 10 mmHg systolisch das Risiko für eine schwere kognitive Funktionseinschränkung langfristig um 9% erhöht!

Folgeerkrankungen an der Niere – Hypertensive Nephropathie

! ***Beachte:*** Die hypertensive Nephropathie ist nach dem Diabetes mellitus inzwischen die zweithäufigste Ursache für eine Niereninsuffizienz!

- **Definition:** Bei der hypertensiven Nephropathie handelt es sich um eine in der Regel progrediente Nierenschädigung, die durch eine Hypertonie verursacht, aufrechterhalten oder verschlimmert wird.
- Die glomeruläre Schädigung entwickelt sich in 3 Stadien (Tab. 8.7).
- **Diagnostik:**
  - Erhöhung der Retentionsparameter (Kreatinin/Harnstoff).
  - Abnahme der Kreatinin-Clearance.
  - Mikroalbuminurie/Proteinurie.

! ***Hinweis:***

- Anhand des Ausmaßes der Nierenschädigung kann auf den Schweregrad der Hypertonie rückgeschlossen werden. Patienten mit einem Kreatininwert von < 2 mg/dl haben in der Regel eine *mittelschwere Hypertonie* (= Grad 2), Patienten mit einem Kreatininwert

Tabelle 8.7 Stadien der hypertensiven Nephropathie

Stadium I	Mikroalbuminurie (30–300 mg/d bzw. 20–200 mg/l)[1]
Stadium II	benigne hypertensive Nephrosklerose (Albuminurie > 300 mg/d)
Stadium III	arterio-arteriolosklerotische Schrumpfniere mit fortschreitender Niereninsuffizienz

! ***Cave:*** Die normalen Teststreifen weisen nur eine Makroalbuminurie (> 200 mg/l) nach, nicht aber eine Mikroalbuminurie, deswegen entgeht dieses Stadium häufig der Diagnostik. Zum Nachweis der Mikroalbuminurie dienen Schnelltests auf immunologischer Basis.

von > 2 mg/dl haben in der Regel eine *schwere Hypertonie* (= Grad 3), S. 6.

- Über die hypertensive Nephropathie und die Ausbildung einer arteriosklerotischen Nierenarterienstenose mit verminderter Nierendurchblutung und konsekutiver Aktivierung des Renin-Angiotensin-Aldosterin-System, S. 66) kann im Prinzip jede Hypertonieform zu einer renalen Fixierung des Bluthochdrucks führen!

Folgeerkrankungen am Auge – Hypertensive Retinopathie

! ***Hinweis:*** Auch die Veränderungen am Augenhintergrund sind Folge der hypertoniebedingten Arteriosklerose retinaler Gefäße.

▶ Die hypertensive Retinopathie entwickelt sich typischerweise in 4 Stadien (= Fundus hypertonicus Grad I–IV, Tab. 8.8).

! ***Hinweis:*** Anhand der Fundusuntersuchung ist eine Klassifikation des Blutdrucks möglich: Patienten mit Fundus hypertonicus Stadium I und II haben in der Regel eine *mittelschwere Hypertonie* (= Grad 2), Patienten mit Fundus hypertonicus Stadium III und IV haben in der Regel eine *schwere Hypertonie* (= Grad 3), S. 6.

Störung der Sexualfunktion

▶ Unbehandelte Hypertoniker haben signifikant häufiger eine **erektile Dysfunktion** als Personen im gleichen Alter ohne Bluthochdruck.

! ***Beachte:*** Über 50% der 50- bis 70-Jährigen leiden an einer erektilen Dysfunktion.

▶ Der Pathomechanismus ist noch nicht vollständig aufgeklärt. Möglicherweise spielen eine endotheliale Dysfunktion (erniedrigte NO-Spiegel) und eine Arteriosklerose im Bereich der Beckenarterien

Tabelle 8.8 Stadien der hypertensiven Retinopathie

Stadium	Veränderungen
I	funktionelle Gefäßveränderungen mit Vasokonstriktion der Arteriolen und leichter Schlängelung der Gefäße
II	zusätzlich strukturelle Veränderungen → Kupferdrahtarterien mit Kaliberunregelmäßigkeiten, Salus-Gunn-Kreuzungszeichen[1]
III	zusätzlich Netzhautschäden → vereinzelte Blutungsherde, weiche Exsudate (= „cotton-wool"-Herde), makuläre Sternfigur (= kalkspritzerartige Herde um die Makula), unscharfe Begrenzung der Papille
IV	zusätzlich bilaterales Papillenödem

[1]An den Kreuzungsstellen der Arterien und Venen

bzw. des Penis eine Rolle. Möglicherweise erklärt die hohe Anzahl von AT_1-Rezeptoren im Corpus cavernosum die erhöhte Vasokonstriktionsbereitschaft bei Patienten mit Bluthochdruck (erhöhter Angiotensinspiegel, S. 67).

! ***Hinweis:*** Dies erklärt auch, warum AT1-Blocker (S. 147) sich günstig auf die Sexualfunktion beim Mann auswirken! Diuretika (S. 153), α-Methyldopa (S. 161), Clonidin (S. 116, 161) und β-Blocker (S. 149) sind dagegen in der Lage, eine erektile Dysfunktion auszulösen bzw. zu verstärken!

9 Medikamentöse Therapie

9.1 Therapieziel

- Oberstes Therapieziel ist die mit möglichst geringen Nebenwirkungen einhergehende adäquate Blutdrucksenkung zur Senkung der hypertoniebedingten Morbidität und Mortalität.
- Die Zielblutdruckwerte werden entsprechend dem Risiko unterschiedlich definiert.

9.2 Indikationsstellung

- Die Indikation zur medikamentösen Therapie basiert auf der Blutdruckhöhe und dem Gesamtrisiko für ein kardio- oder zerebrovaskuläres Ereignis (z. B. Herzinfarkt, Schlaganfall) in den folgenden zehn Jahren, welches insbesondere durch bereits vorhandene Folgeschä-

den, Begleiterkrankungen (z. B. Diabetes mellitus) und weitere Risikofaktoren bestimmt wird.
- Die Schwere der hypertoniebedingten Folgeerkrankungen hängt u. a. von der Blutdruckhöhe, vom Vorhandensein weiterer kardiovaskulärer Risikofaktoren und hypertoniebedingter Organschäden ab.

Noch normaler Blutdruck (130–139/85–89 mmHg)

- **Erhöhtes Risiko.** Eine Blutdrucksenkung ist v. a. bei Patienten mit erhöhtem kardiovaskulären Risiko und in der Sekundärprävention sinnvoll und erfolgreich.
- Zunächst sollte ein Versuch mit nicht medikamentösen Maßnahmen (S. 168) durchgeführt werden!

Leichte Hypertonie (140–159/90–99 mmHg) und mittelschwere Hypertonie (160–179/100–109 mmHg)

- **Deutlich erhöhtes Risiko.** Die Dringlichkeit und Intensität der antihypertensiven Therapie wird aber auch hierbei nicht allein von der Blutdruckhöhe bestimmt. Die Indikationsstellung zur medikamentösen Therapie sollte nach den Empfehlungen der WHO/ISH auf einer individuellen **Risikoeinschätzung** basieren, die den Schweregrad der Hypertonie, weitere Risikofaktoren und Begleiterkrankungen sowie bereits vorhandene Organschäden und Folgeerkrankungen berücksichtigt (Tab. 9.1).
- Mit dieser Stratifizierung gelingt eine Bestimmung des Gesamtrisikos des einzelnen Patienten. Das Risiko bezieht sich dabei auf die Wahrscheinlichkeit, ein kardio- oder zerebrovaskuläres Ereignis (tödlicher und nicht tödlicher Herzinfarkt, Schlaganfall und andere) in den folgenden zehn Jahren zu erleiden.
- **Ziel der Risikoeinschätzung:**
  - Sehr hilfreich für das *Aufklärungsgespräch* mit dem Patienten. Das persönliche Risiko kann sehr anschaulich vermittelt und eine gemeinsame Behandlungsstrategie festgelegt werden im Sinne einer partnerschaftlichen Entscheidungsfindung (*shared decision making*).

  ! ***Hinweis:*** Es wird empfohlen, bei einem Risiko > 30 % mit einer medikamentösen Therapie zu beginnen. Selbstverständlich ist es letztlich dem einzelnen Patienten überlassen, ab welchem persönlichen Risiko er wie behandelt werden möchte. Manchen scheint ein 10-Jahres-Risiko von 15–20 % möglicherweise schon viel zu hoch, und er erwartet eine persönliche Behandlungsoption.
  - Berechnung der *Risikoreduktion nach erfolgreicher Behandlung* (Förderung der Motivation!).

- **Ablauf:**
  1. Bestimmung der Blutdruckhöhe (5 Kategorien aus Tab. 9.1).
  2. Bestimmung der zusätzlichen Risikofaktoren, Organschäden, Folge- und Begleiterkrankungen (Tab. 9.2).
  3. Bestimmung der Risikokategorie (durchschnittlich bis sehr hoch) aus Tab. 9.1 in Verbindung mit Risikofaktoren aus Tab. 9.2.
  4. Entscheidung über eine medikamentöse Therapie (**MED**) oder weitere Kontrollen (**MON** = Monitoring/Überwachung).

Tabelle 9.1 Risikoeinschätzung zur Beurteilung von Prognose und Therapieindikation zur antihypertensiven Medikation

Risikofaktoren (RF)/ Begleiterkrankungen/Endorganschäden (Tab. 9.2)	**Blutdruck (mmHg)**				
	120–129 syst. oder 80–84 diast.	*130–139-syst. oder 85–89 diast.*	*140–159 syst. oder 90–99 diast.*	*160–179 syst. oder 100–109 diast.*	*≥ 180 syst. oder ≥ 110 diast.*
keine anderen RF	durchschnittliches Risiko ∅	durchschnittliches Risiko ∅	geringes zusätzliches Risiko **MED?**	mittleres zusätzliches Risiko **MED**	hohes zusätzliches Risiko **MED**
1–2 RF	geringes zusätzliches Risiko **MON**	geringes zusätzliches Risiko **MON**	mittleres zusätzliches Risiko **MED**	mittleres zusätzliches Risiko **MED**	sehr hohes zusätzliches Risiko **MED**
≥ 3 RF oder Endorganschäden oder Diabetes mell.	mittleres zusätzliches Risiko **MED**	hohes zusätzliches Risiko **MED**	hohes zusätzliches Risiko **MED**	hohes zusätzliches Risiko **MED**	sehr hohes zusätzliches Risiko **MED**
kardiovaskuläre/renale Begleiterkrankungen	hohes zusätzliches Risiko individuelle Entscheidung **MED**	sehr hohes zusätzliches Risiko **MED**	sehr hohes zusätzliches Risiko **MED**	sehr hohes zusätzliches Risiko **MED**	sehr hohes zusätzliches Risiko **MED**

10-Jahres-Risiko für ein kardiovaskuläres Ereignis:
- < 15 %: Niedriges Risiko.
- 15–20 %: Mittleres Risiko.
- 20–30 %: Hohes Risiko.
- > 30 %: Sehr hohes Risiko.

Tabelle 9.2 Prognosebestimmende Faktoren für die Risikostratifizierung

Risikofaktoren für Kardio- und zerebrovaskuläre Erkrankungen	hypertensive Organschäden	Folge- und Begleiterkrankungen
• Hypertonie-Schweregrad • Alter (Männer > 55, Frauen > 65) • Nikotinabusus • Diabetes mellitus • Familienanamnese vorzeitiger Arteriosklerose, Infarkt oder Schlaganfall • Adipositas • CRP > 1 mg/dl • Hypercholesterinämie	• linksventrikuläre Hypertrophie • Proteinurie und/oder eingeschränkte Nierenfunktion • sonographische/radiologische Zeichen der Arteriosklerose • arteriosklerotische Augenhintergrundsveränderungen	• zerebrovaskuläre Erkrankungen (ischämischer Insult, TIA, Massenblutung) • Herzerkrankungen (KHK, Herzinfarkt, -insuffizienz) • Nierenerkrankungen (diabetische Nephropathie, Niereninsuffizienz) • Gefäßerkrankungen, Aorten-Aneurysma, hypertensive Retinopathie

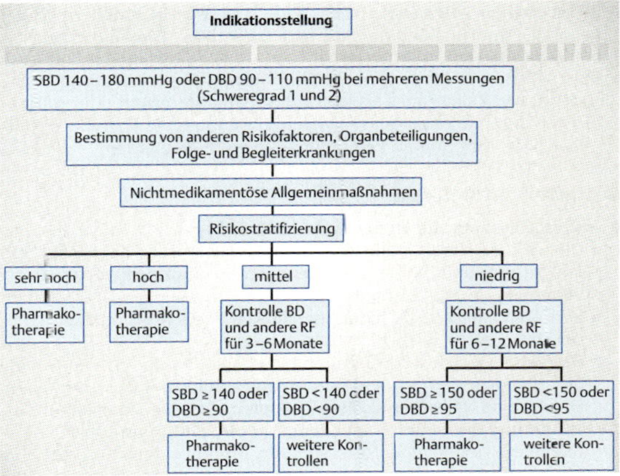

Abb. 9.1 Entscheidungsbaum zur Indikationsstellung einer antihypertensiven Therapie

▶ **Therapieentscheidung und Kontrolluntersuchungen:**
- *Niedriges Risiko:* Beratung. Vor allem bei familiärer Hypertonieanlage sollte über nicht medikamentöse Möglichkeiten aufgeklärt werden, die geeignet sind, den Blutdruck nicht weiter ansteigen zu lassen bzw. zu senken (Tab. 10.1, S. 169).
- *Mittleres Risiko:* Zunächst Versuch, durch Allgemeinmaßnahmen den Blutdruck zu senken und das kardiovaskuläre Risiko zu mindern (s. Tab. 10.1, S. 169). Wenn nach 6 Monaten keine ausreichende Blutdrucksenkung bzw. -normalisierung erreicht werden konnte, ggf. medikamentöse Therapie (Tab. 9.1).
- *Hohes und sehr hohes Risiko:* Indikation für medikamentöse Therapie, verbunden mit Allgemeinmaßnahmen (s. Tab. 10.1, S. 169).

Schwere Hypertonie (≥ 180 mmHg syst. bzw. ≥ 110 mmHg diast.)

▶ Bei schwerer Hypertonie sind Kontrollmessungen innerhalb weniger Tage notwendig. Bei Bestätigung der Werte ist eine antihypertensive Pharmakotherapie indiziert.

▶ Bei Werten > **210 mmHg syst. bzw. 115 mmHg diast.** ist in der Regel der sofortige Beginn der medikamentösen Therapie indiziert.

▶ Bei **maligner oder akzelerierter** Hypertonie (diastolischer Blutdruck über 120 mmHg bzw. schneller Blutdruckanstieg mit Blutungen, Exsudaten und/oder Papillenödem am Augenhintergrund oder progredienter Einschränkung der Nierenfunktion) muss die Therapie unmittelbar unter stationären Bedingungen begonnen werden.

Besondere Situationen

▶ **Isolierte systolische Hypertonie (ISH, S. 11):**
- Die ISH ist durch mehrfach gemessene systolische Werte von 140 mmHg und höher bei diastolischen Blutdruckwerten unter 90 mmHg gekennzeichnet.
- Sie kommt besonders häufig bei älteren Patienten und Typ-2-Diabetikern vor.

! ***Hinweis:*** Die ISH ist stets mit einer Schädigung der großen Gefäße (verminderte Compliance) und einem erhöhten Risiko verbunden. Es gibt eine Reihe kontrollierter Studien, die eine signifikante Verminderung der hypertoniebedingten Morbiditäts- und Mortalitätsrate durch medikamentöse Senkung erhöhter Blutdruckwerte ab 160 mmHg bis ins hohe Alter nachgewiesen haben. Deshalb gelten für die Behandlung der **ISH die gleichen Empfehlungen wie für die systolische und diastolische Hypertonie**.

- **Hypertonie im höheren Lebensalter:**
  - Die Hypertonie im höheren Lebensalter ist ebenso konsequent und nach den gleichen Regeln wie im jüngeren Lebensalter zu behandeln. Deshalb sollen auch zunächst nicht medikamentöse Maßnahmen wie in anderen Altersgruppen empfohlen werden.
  - Die höhere Inzidenz hypertoniebedingter Komplikationen in höherem Lebensalter bedeutet, dass gerade ältere Hypertoniker im besonderen Maße von einer medikamentösen Blutdrucksenkung profitieren (die absolute Risikoreduktion ist deutlich größer als im mittleren Lebensalter).

  ! ***Hinweis:*** In den Interventionsstudien waren Patienten bis jenseits des 85. Lebensjahres aufgenommen. Allerdings waren in der Altersgruppe über 80 Jahre nur relativ wenige Patienten, sodass in dieser Altersgruppe die Indikation zur medikamentösen Therapie individuell besonders abgewogen werden muss.

  - **Regeln für eine medikamentöse Therapie im höheren Lebensalter:**
    - Den Blutdruck initial sehr vorsichtig und langsam senken (innerhalb von Wochen und Monaten).
    - Mit niedrigen Dosen beginnen, bei unzureichender Wirkung Dosis nur allmählich steigern oder auf niedrig dosierte Kombinationstherapie übergehen.
    - Möglichst einfaches Therapieschema anwenden.
    - Bei der Wahl des Antihypertensivums auch die Begleiterkrankungen und die Gesamtmedikation berücksichtigen.
    - Blutdruck regelmäßig kontrollieren, auch im Stehen. Ein orthostatischer Blutdruckabfall muss vermieden werden (auf keinen Fall über 30 mmHg!).
    - Laborkontrollen in Abhängigkeit von den verwendeten Medikamenten, vor allem von Kalium, Kreatinin und Blutzucker.
    - Änderung der medikamentösen Therapie bei Störungen des Allgemeinbefindens oder Auftreten von Nebenwirkungen, evtl. auch Verzicht auf Blutdrucknormalisierung.
- **Hypertensive Krise und hypertensiver Notfall:** S. 108.
- **Hypertonie in der Schwangerschaft:**
  - Tritt zu einer Hypertonie in der Schwangerschaft eine Poteinurie (> 300 mg/d) auf, ist von einer Präeklampsie auszugehen.
  - *Behandlungsindikation:*
    - Generell: > 170/110 mmHg.
    - Bei vorbestehendem Hochdruck, Diabetes mellitus oder Nierenerkrankung: > 160/100 mmHg.

- *Zielblutdruck:* 140–160 mmHg syst. und 90–100 mmHg diast.

! ***Hinweis:*** Die einzige kausale Therapie der Präeklampsie ist die Entbindung.

9.3 Zielblutdruckwerte

▶ Durch die antihypertensive Therapie sollen Hochdruck-Komplikationen (z. B. Schlaganfall, Herz- und Niereninsuffizienz; S. 117) vermieden und Zielorganschäden (z. B. linksventrikuläre Hypertrophie) zurückgebildet werden.

! ***Merke:*** Grundsätzlich ist eine Blutdruck-Normalisierung in Ruhe auf Werte < **140 mmHg systolisch** und < **90 mmHg diastolisch** anzustreben. Dabei ist es leichter, den diastolischen Blutdruck deutlich unter 90 mmHg als den systolischen Blutdruck unter 140 mmHg zu senken.

▶ Therapiestudien haben gezeigt, dass z. B. Diabetiker und Patienten mit Niereninsuffizienz von einer sehr strengen Blutdruckkontrolle besonders profitieren. Dementsprechend werden verschiedene Zielblutdruckwerte für bestimmte Patientengruppen definiert (Tab. 9.3).

! ***Cave:*** Eine zu starke Blutdrucksenkung kann zu myokardialen und zerebralen Ischämien führen und damit das Risiko wieder erhöhen. Dies betrifft insbesondere ältere Patienten und Patienten mit manifester Arteriosklerose. Bei KHK und Hypertonie sollte der diastolische Blutdruck nicht unter 70 mmHg gesenkt werden, um eine koronare Minderperfusion zu vermeiden.

! ***Hinweis:*** Insbesondere bei älteren Patienten mit **isolierter systolischer Hypertonie** ist das Therapieziel < 140 mmHg häufig nur schwer erreichbar. Dabei spielt der Ausgangsblutdruck vor Therapie eine wichtige Rolle: Je höher der Ausgangsdruck, umso schwerer ist die Erreichung des Zielblutdrucks. Im Einzelfall kann nach entsprechender Abwägung evtl. auch auf die unbedingte Erreichung des Zielblutdrucks verzichtet werden.

Tabelle 9.3 Zielblutdruckwerte

allgemein	< 140/90 mmHg
bei Diabetes mellitus	< 135/85 mmHg, falls toleriert < 130/80 mmHg
bei Niereninsuffizienz	< 130/80 mmHg
bei Proteinurie > 1 g/Tag	< 125/75 mmHg

9.4 Therapieschema, Auswahl der Medikamente

Grundlagen

- Die individuell unterschiedlichen Begleiterkrankungen, Endorganschäden und Nebenwirkungsprofile lassen die optimale Differenzialtherapie mit den zur Verfügung stehenden Antihypertensiva als strategisches Ziel der medikamentösen Behandlung erscheinen. Wie in der Abb. 9.2 dargestellt, werden verschiedene Therapiestrategien bei der medikamentösen Hypertonie-Behandlung eingesetzt.

! ***Hinweis:*** Für die Auswahl der Therapiestrategie spielen Blutdruckhöhe, Begleiterkrankungen, Nebenwirkungen und Compliance eine wesentliche Rolle.

- **Monotherapie:** Beginn mit einer Substanz, um bei Ineffektivität diese Substanz durch eine andere zu ersetzen (*sequenzielle Monotherapie*) oder mit einer bzw. weiteren Substanzen zu kombinieren (*Kombinationstherapie*). Die früher beliebten Stufenschemata wurden mittlerweile verlassen.
- **Kombinationstherapie:**
  - Da häufig kardiovaskuläre Begleiterkrankungen bzw. Endorganschäden vorliegen und in diesen Fällen die Zielblutdruckwerte zum Teil niedriger definiert werden als früher, ist für die Mehrzahl der Hypertoniker eine Kombinationstherapie erforderlich.
  - Für eine primäre Kombinationstherapie (evtl. auch in normaler Dosierung) sprechen ein weit über den Zielwerten liegender Blutdruck sowie Begleiterkrankungen, die ohnehin eine Kombinationstherapie wünschenswert erscheinen lassen (z. B. Koronare Herzkrankheit, Herzinsuffizienz, Niereninsuffizienz).
  - In niedriger Dosierung ist sie auch als Option für die initiale Therapie empfohlen.
  - Aufgrund der aktuellen Befunde ist der Beginn der Hypertonie-Behandlung mit einer niedrig dosierten Kombinationstherapie aus *Diuretikum und ACE-Hemmer* oder *Diuretikum und β-Blocker* hinsichtlich Wirksamkeit und Nebenwirkungen als gleichwertig mit einer initialen Monotherapie anzusehen.
  - Eine Fixkombination hat den Vorteil einer höheren Patientencompliance und häufig auch geringerer Kosten, die freie Kombination erlaubt naturgemäß eine individuelle Dosisanpassung beider Komponenten.

! ***Merke:* Der Therapieerfolg braucht Zeit!**

  - Die Hypertonie entwickelt sich in der Regel über einen längeren Zeitraum und führt zu einer Adaptation des Herz-Kreislauf-Systems an das höhere Niveau.

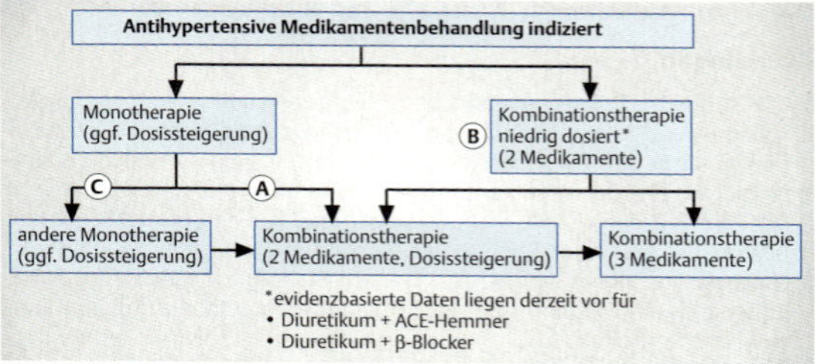

Abb. 9.2 Sinnvolle Strategien der medikamentösen Hypertoniebehandlung. A = Stufentherapie („stepped care"): Beginn mit Monotherapie und Zugabe eines weiteren Antihypertensivums bei unzureichender Effektivität. B = primäre Kombinationstherapie. C = sequenzielle Monotherapie: Wechsel des Monotherapeutikums bei Wirkungslosigkeit und Nebenwirkungen.

- Eine zu schnelle Blutdrucksenkung kann die erneute Adaptation an das normale (niedrigere) Blutdruckniveau erschweren und – unabhängig von den substanzspezifischen Nebenwirkungen – evtl. zu unerwünschten Begleiterscheinungen durch eine zu forcierte Senkung führen.
- Darüber hinaus ist die volle Wirksamkeit der meisten Antihypertensiva erst nach ca. 2–6 Wochen erreicht, bei Diuretika erst nach 6–12 Wochen.

! ***Hinweis:*** Für die Blutdruckeinstellung sollte man sich in Abhängigkeit vom Ausgangsblutdruck ca. 3–6 Monate Zeit nehmen.

- Nach 6 Monaten kann unter Praxisbedingungen bei den meisten Patienten (83 %) der diastolische Zielblutdruck erreicht werden, während der systolische Zielblutdruck nur bei der Hälfte (51 %) erreicht wird.

▸ **Frequenz von Kontrolluntersuchungen:** Halbjährliche Kontrolluntersuchungen sind ausreichend, 3-monatige Kontrollen führen zu keiner besseren Einstellung.

▸ **Auslassversuch:** Bei langfristig optimaler Blutdruckeinstellung unter 120 mmHg systolisch und 80 mmHg diastolisch über 1–2 Jahre kann ein sorgfältig kontrollierter Auslassversuch unternommen werden.

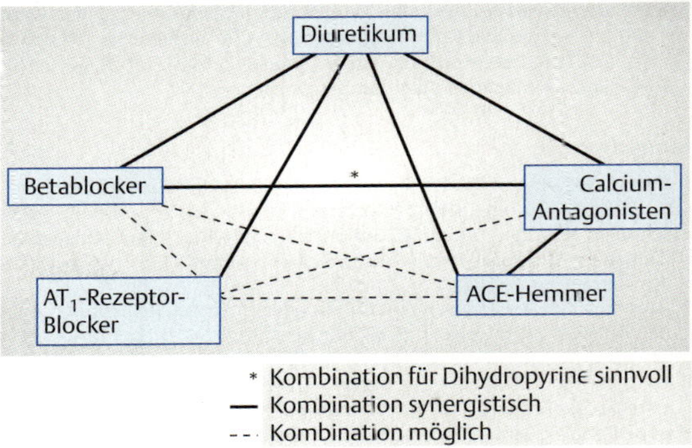

Abb. 9.3 Antihypertensiva der ersten Wahl sowie mögliche und synergistische Kombinationen

Auswahl der Medikamente

- Mögliche Risiken der Behandlung dürfen den möglichen Nutzen nicht überschreiten. Um dies für ein Arzneimittel – vor allem bei leichter Hypertonie – beurteilen zu können, sind methodisch einwandfreie Langzeituntersuchungen bei mehreren tausend Patienten notwendig. Früher waren es vor allem plazebokontrollierte Studien, heute werden für neue Substanzen vergleichende Studien gegen bereits geprüfte und bewährte Antihypertensiva gefordert.
- Für alle **Antihypertensiva der ersten Wahl bei Beginn der Hochdruck-Therapie** (Abb. 9.3) wurde in mehreren derartigen Studien eine Senkung der kardiovaskulären Morbidität und Mortalität nachgewiesen.

! ***Hinweis:*** Im Einzelfall lässt sich nicht voraussagen, auf welches Antihypertensivum ein Patient mit erhöhtem Blutdruck am besten anspricht. Deshalb sollten die hier gemachten Vorschläge als Orientierungshilfe angesehen werden.

- **Grundregeln bei Beginn einer antihypertensiven Therapie:**
  - Üblicherweiser Beginn mit einer niedrigen Dosis. Die volle Wirkung der Antihypertensiva wird in der Regel innerhalb von zwei bis sechs Wochen erreicht.

- Um die Zuverlässigkeit der Medikamenteneinnahme zu erhöhen, sollten vorzugsweise Antihypertensiva mit gesicherter Wirkung über 24 Stunden verordnet werden (Tab. 9.10–9.12, Tab. 9.14–9.16).
- Möglichst einfaches Behandlungsschema.

Monotherapie

- **Mittel der ersten Wahl:** Siehe Abb. 9.3. Bei den Kalziumantagonisten müssen für eine differenzierte Verordnung Untergruppen unterschieden werden: Dihydropyridine (Nifedipin-Typ), Benzothiazepine (Diltiazem-Typ) und Phenylalkylamine (Verapamil-Typ): siehe Differenzialtherapie S. 157.
- **Alternativen** bei Kontraindikationen oder Unverträglichkeiten: Zentrale Antisympathotonika und α_1-Blocker; für diese ist aber bisher eine Senkung der kardiovaskulären Morbidität und Mortalität in plazebokontrollierten Studien oder durch Vergleiche mit den im Therapieschema genannten fünf Substanzgruppen nicht nachgewiesen worden. Zentrale Antisympathikotonika weisen bei höherer Dosierung eine erhebliche Nebenwirkungsrate auf. Postsynaptische α-Blocker werden aufgrund der Daten aus der ALLHAT-Studie wegen der signifikant häufigeren Entwicklung einer Herzinsuffizienz unter Doxazosin im Vergleich zu Chlortalidon nicht mehr als Mittel der ersten Wahl für die Monotherapie der Hypertonie empfohlen.
- **Vorteile:** Differenzialtherapeutische Überlegungen sind bei einer Monotherapie leichter umzusetzen, z. B. Einsatz von ACE-Hemmer oder AT_1-Rezeptorblocker bzw. Meiden von Diuretika und β-Blockern bei Diabetes mellitus. **!** ***Hinweis:*** Bei leichter bis mittelschwerer Hypertonie ist eine Monotherapie evtl. ausreichend.
- **Nachteile:**
  - Die Monotherapie stößt unabhängig von der eingesetzten Substanzgruppe insbesondere bei mittelschwerer und schwerer Hypertonie sehr schnell an die Effektivitätsgrenze.
  - Selbst bei leichter bis mittelschwerer Hypertonie, und selbst in den höchsten Dosen haben sämtliche Substanzgruppen nur eine Normalisierungsrate zwischen ca. 30 und 55%. Auch in den großen Interventionsstudien waren in 30–90% antihypertensive Kombinationen notwendig, um den Zielblutdruck zu erreichen. Trotzdem wurde der Zielblutdruck auch in den Interventionsstudien tatsächlich nur in ca. 30–70% erreicht.
  - Bei Verordnung von halbmaximalen Tagesdosen wie in der LIFE-Studie, erreichen nur 9 bzw. 10% der Hypertoniker normale Blutdruckwerte unter der Monotherapie mit Atenolol bzw. Losartan.

- Jede Monotherapie ist auch ein Kompromiss aus möglichst hoher Effektivität und möglichst geringer Nebenwirkungsrate. Bei einer notwendigen Dosissteigerung wegen unzureichender Blutdrucksenkung, nehmen in den meisten Fällen auch die dosisabhängigen Nebenwirkungen zu. Es ist daher auch nicht überraschend, dass 50–60% der Patienten eine Monotherapie schon innerhalb von sechs Monaten wieder beenden.

Kombinationstherapie

Grundlagen

- Der Beginn der Hypertonie-Behandlung mit einer niedrig dosierten Kombinationstherapie, z. B. aus *Diuretikum und ACE-Hemmer* oder *Diuretikum und β-Blocker* ist hinsichtlich Wirksamkeit und Nebenwirkungen als gleichwertig mit einer initialen Monotherapie anzusehen.
- **Indikationen:**
  - In niedriger Dosierung ist sie auch als Option für die initiale Therapie empfohlen: Sowohl für eine Kombinationstherapie in normalen Dosen, um bei einem hohen Ausgangsblutdruck (20/10 mmHg > Zielblutdruck) eine bessere Chance zur Erreichung des Zielblutdrucks zu haben, als auch für eine niedrig dosierte Kombination als initiale Therapie auch bei der leichten Hypertonie.
  - Für eine primäre Kombinationstherapie (evtl. auch in normaler Dosierung) sprechen ein weit über den Zielwerten liegender Blutdruck sowie Begleiterkrankungen, die ohnehin eine Kombinationstherapie wünschenswert erscheinen lassen (z. B. Koronare Herzkrankheit, Herzinsuffizienz, Niereninsuffizienz).
- **Vorteile:**
  - Verbesserung der Blutdruckeinstellung und höhere Responderrate:
    - durch additive Wirkungen.
    - durch Neutralisierung gegenregulatorischer Wirkungen.
  - Synergistische organprotektive Wirkungen.
  - Reduktion unerwünschter Wirkungen:
    - durch Neutralisierung unerwünschter Wirkungen.
    - durch geringeren Dosisbedarf.
  - Verbesserung der Compliance (bei fixer Kombination).
  - Reduktion der Kosten:
    - Niedrigere Arzneimittelkosten.
    - Geringere Patientenzuzahlungen.
    - Weniger Diagnostik und Kontrolle.

- Da häufig kardiovaskuläre Begleiterkrankungen bzw. Endorganschäden vorliegen und in diesen Fällen die Zielblutdruckwerte zum Teil niedriger definiert werden als früher, ist für die Mehrzahl der Hypertoniker eine Kombinationstherapie erforderlich.

- **Bewertung:** Bei der komplexen Ätiologie und Pathogenese der primären Hypertonie wird eine Kombinationstherapie am ehesten der multifaktoriellen Genese gerecht. Die zahlreichen Wechselwirkungen zwischen Salz- und Wasserhaushalt, dem Renin-Angiotensin-Aldosteron-System, dem sympathiko-adrenergen System und der Gefäßreagibilität sind mit einer Kombinationstherapie besser zu beeinflussen als mit einer Monotherapie. Dabei wirken verschiedene Antihypertensiva synergistisch auf den Blutdruck und neutralisierend auf die gegenregulatorischen Effekte, die durch eine Substanz induziert werden können. Der unterschiedliche Wirkmechanismus der verschiedenen Substanzen kann auch für eine Addition der organprotektiven Wirkung genutzt werden.
- **Folgende Kombinationen sind empfehlenswert:**
  - ACE-Hemmer und Kalziumantagonist.
  - ACE-Hemmer und Diuretikum.
  - AT_1-Rezeptorblocker und Diuretikum.
  - β-Blocker und Diuretikum.
  - β-Blocker und Kalziumantagonist.
  - Diuretikum und Kalziumantagonist.

ACE-Hemmer und Kalziumantagonisten

- **Prinzip:** Kalziumantagonisten wirken vasodilatatorisch und stimulieren über ihren peripheren Angriffspunkt das RAAS und den Sympathikus. Das RAAS wird wiederum durch den ACE-Hemmer gehemmt, und durch die hemmende Wirkung auf die Katecholaminfreisetzung wirken ACE-Hemmer Sympathikus dämpfend und einer Tachykardie entgegen, wenn auch längst nicht so wirkungsvoll wie β-Blocker. Diese Kombination war in der ASCOT-Studie der Kombination β-Blocker + Diuretikum überlegen.
- **Indikationen:** Z.B. allgemeine Gefäßsklerose.

ACE-Hemmer und Diuretikum

- **Prinzip:** ACE-Hemmer antagonisieren die Diuretikum induzierte Stimulation des RAAS viel stärker als β-Blocker. Dementsprechend ist auch der kaliumsparende Effekte der ACE-Hemmer größer. ACE-Hemmer wirken auch der glykämischen (diabetogenen) und Harnsäure steigerndn Wirkung der Diuretika entgegen. Die natriuretische Wirkung der Diuretika wird durch die ACE-Hemmer verstärkt.

- **Indikationen:** Patienten mit Herzinsuffizienz, Niereninsuffizienz (v. a. diabetische und hypertensive Nephropathie), linksventrikulärer Hypertrophie und zerebrovaskulären Erkrankungen.

AT_1-Rezeptorblocker und Diuretikum

- **Prinzip:** Siehe ACE-Hemmer-Diuretikum-Kombination. AT_1-Rezeptorblocker sind äquieffektiv wie ACE-Hemmer, haben aber geringere bzw. keine Substanz spezifischen Nebenwirkungen.
- **Indikationen:** Wie ACE-Hemmer, insb. als Alternative bei Unverträglichkeit gegen ACE-Hemmer (z. B. Husten).

β-Blocker und Diuretikum

- **Prinzip:** Diuretika stimulieren das Renin-Angiotensin-Aldosteron-System (RAAS), β-Blocker haben einen milden Anti-Aldosteron-Effekt und wirken leicht kaliumsparend und damit dem diuretischen Effekt entgegen. Die Diuretika-Komponente wirkt einer Ödementwicklung unter β-Blockade, z. B. bei Herzinsuffizienz, entgegen.
- **Indikationen:** Insbesondere bei der isolierten systolischen Hypertonie im Alter erfolgreich.

β-Blocker und Kalziumantagonist

- **Prinzip:** Die Kombination wirkt insofern komplementär, als β-Blocker das Herzminutenvolumen senken, und Kalziumantagonisten den peripheren Widerstand senken, ohne Aktivierung des RAAS und ohne Induktion einer Reflextachykardie, die unter alleiniger Behandlung mit Kalziumantagonisten auftreten kann.
- **Indikationen:** Z.B. stabile KHK.

Diuretikum und Kalziumantagonist

- **Prinzip:** siehe oben.
- **Indikationen:** Diuretika und Kalziumantagonisten haben sich besonders in der Therapie der Hypertonie im Alter bzw. der ISH (S. 11) bewährt.

Dreifachkombinationen

- Wirkt keine der angegebenen Zweifachkombinationen ausreichend, kann eine der folgenden Dreifachkombinationen angewandt werden (Vasodilatator: Kalziumantagonisten, ACE-Hemmer, AT_1-Rezeptorblocker, α_1-Blocker und Dihydralazin):
  - Diuretikum + β-Blocker + Vasodilatator.

- Diuretikum + ACE-Hemmer oder AT_1-Rezeptorblocker + Kalziumantagonist.
- Diuretikum + zentrales Antisympathotonikum + Vasodilatator.

! ***Hinweis:*** Bei schweren Hypertonieformen, insbesondere bei bestehender Niereninsuffizienz sind häufig Mehrfach-Kombinationen (4- und 5-fach-Kombinationen) notwendig, um eine ausreichende Blutdrucksenkung zu erreichen.

9.5 Therapie bei bestimmten Grunderkrankungen

Grundlagen

- Der größte Nutzen der antihypertensiven Therapie wird durch die Blutdrucksenkung *per se* erreicht. Zusätzlich haben die verschiedenen Anthypertensiva unterschiedliche Vor- und Nachteile, die für bestimmte Begleiterkrankungen und Patientenkollektive von Bedeutung sind. Alle fünf modernen Hauptsubstanzklassen, ACE-Hemmer, AT_1-Rezeptorblocker, β-Blocker, Diuretika und Kalziumantagonisten sind geeignet für die initiale und Dauertherapie.
- Der differenzialtherapeutische Einsatz nutzt zusätzliche substanzspezifische Effekte und Vorteile und minimiert damit auch potenzielle Nebenwirkungen. Die nationalen und internationalen Fachgesellschaften stimmen in ihren differenzialtherapeutischen Empfehlungen weitgehend überein.

Die Auswahl des Antihypertensivums

- Alle Substanzklassen (siehe oben) zeigen in Interventionsstudien die gleiche blutdrucksenkende Wirkung. Trotzdem lässt sich im Einzelfall natürlich nicht voraussagen, auf welche Substanz ein individueller Patient am besten anspricht.
- Für die Auswahl der Substanzklasse und der einzelnen Substanz aus einer bestimmten Klasse sollten deshalb außer der Effektivität auf den Blutdruck weitere Kriterien herangezogen werden: Siehe Tab. 9.4.
- Auch wenn die Mehrzahl der Hypertoniker für eine dauerhafte effektive Blutdrucksenkung in den normotensiven Bereich ohnehin eine Kombinationstherapie benötigt, ist für die initiale Auswahl sowohl für die zu verwendende Monotherapie, als auch für eine Zweierkombination eine sorgfältige individuelle Auswahl notwendig.

! ***Hinweis:*** Unter Berücksichtigung o.g. Kriterien gelingt es heute in den meisten Fällen mit etwas Fingerspitzengefühl eine individuelle maß-

Tabelle 9.4 Kriterien für die Auswahl der antihypertensiven Substanz

- bewiesener Nutzen aus kontrollierten Langzeitstudien (gilt für alle 5 Hauptsubstanzklassen)
- gesicherte 24-Stunden-Wirkung (nachgewiesen durch ABDM)
- Alter, Geschlecht, Beruf, Sport
- Begleiterkrankungen
- Folgeschäden, hypertensive Organschäden
- Sicherheit und Verträglichkeit
  zu erwartende Nebenwirkungen, Befindlichkeitsstörungen
- Erfahrungen mit der bisherigen antihypertensiven Therapie (Arzt und Patient)
- Präferenz des Patienten, partnerschaftliche Entscheidung
- Kosten-Nutzen-Bewertung

geschneiderte antihypertensive Medikation zu finden, die sicher wirkt und vertragen wird.

- Initial sollte stets mit einer niedrigen Dosierung einer langwirksamen Substanz bzw. Kombination begonnen werden, und die Dosis sollte langsam gesteigert werden.
- In den Leitlinien und Empfehlungen nationaler und internationaler Fachgesellschaften werden insbesondere Begleiterkrankungen und Folgeschäden für die differenzialtherapeutische Auswahl der Antihypertensiva herausgestellt (Tab. 9.5). Leitlinien berücksichtigen regionale, ethnische, gesundheitspolitische und andere landesspezifische Besonderheiten und sind deshalb nicht deckungsgleich. Die Beurteilung der Interventionsstudien und die daraus abgeleiteten (zwingenden) Empfehlungen für den differenzialtherapeutischen Einsatz der Antihypertensiva sind aber in der Mehrzahl der Empfehlungen deckungsgleich.
- Wenn keine zwingenden Gründe eine andere Wahl bestimmen, empfehlen die Amerikaner für die Monotherapie Thiaziddiuretika, während die europäischen und deutschen Leitlinien alle fünf Antihypertensivaklassen als gleichwertig einstufen. Die Briten dagegen empfehlen ACE-Hemmer und β-Blocker allein oder in Kombination für Hypertoniker unterhalb, Kalziumantagonisten und Diuretika für Hypertoniker oberhalb von 55 Jahren.
- β-Blocker und Diuretika sind gleichwertig; ACE-Hemmer, AT_1-Rezeptorblocker und Kalziumantagonisten haben im Vergleich ebenfalls gleichwertig oder sogar etwas besser abgeschnitten.
- α-Blocker sind wegen einer erhöhten Inzidenz von Herzinsuffizienz im Vergleich zu Diuretika aus der Reihe der Antihypertensiva der 1. Wahl ausgeschieden (ALLHAT-Studie).

Tabelle 9.5 Zwingende Evidenz und bewiesener Nutzen für den Einsatz der verschiedenen Medikamentengruppen in vier nationalen bzw. internationalen Leitlinien

	Europa ESH/ESC 2003	Deutsche Hochdruckliga 2003/2001	WHO/ISH 2003	USA JNC 7.2003
Herz				
Herzinsuffizienz	ACE, BB, DIU, AA	ACE, ARB, BB, DIU	ACE, BB, ARB, DIU, AA	ACE, ARB, BB, DIU, AA
LVH	ARB	ACE, KA, BB, ARB, DIU	ARB	ACE, ARB, BB, DIU, KA
KHK, Angina, Risiko	BB, KA,	BB,	–	ACE, BB, DIU, KA
Nach Herzinfarkt	BB, ACE	BB, ACE	ACE, BB	ACE, BB
Niere				
Diabet. Nephropathie Typ 1	ACE	ACE	ACE	ACE, ARB
Diabet. Nephropathie Typ 2	ARB	ACE	ARB	ACE, ARB
Nicht diabet. Nephropathie	ACE, DIU	ACE, DIU, ARB	ACE	ACE, ARB
Mikroalbuminurie	ARB	ACE	–	–
Proteinurie	ARB	ACE	–	ACE, ARB
Diabetes mellitus	ACE, ARB	ACE,BB	–	ACE, ARB, BB, DIU, KA
ZNS				
Zerebrovaskuläre Erkrankungen	KA	–	ACE, DIU	nicht differenziert
Nach Schlaganfall	ACE, DIU	nicht differenziert	–	ACE, DIU
pAVK	KA	KA	–	„alle“
ISH / ältere Hypertoniker	DIU, KA	DIU, BB, KA	DIU, KA	nicht differenziert

Tabelle 9.5 Zwingende Evidenz und bewiesener Nutzen für den Einsatz der verschiedenen Medikamentengruppen in vier nationalen bzw. internationalen Leitlinien (Fortsetzung)

	Europa ESH/ESC 2003	Deutsche Hochdruckliga 2003/2001	WHO/ISH 2003	USA JNC 7.2003
OSA	–	alle; keine BB	–	–
Schwangerschaft	BB	BB, Methyldpa	–	–

ACE = ACE-Hemmer, ARB = AT_1-Rezeptorenblocker, BB = β-Blocker,
Diu = Diuretika, KA = Kalziumantagonist, AA = Aldosteronantagonist
– = keine spezifischen Angaben bzw. nicht erwähnt
pAVK = periphere arterielle Verschlusskrankheit, ISH = isolierte systolische Hypertonie, OSA = obstruktives Schlafapnoe-Syndrom

- In der LIFE-Studie war der AT_1-Rezeptorenblocker Losartan dem β-Blocker Atenolol in der Senkung der Schlaganfallrate überlegen, und in der ANBP2-Studie war der ACE-Hemmer Lisinopril der Diuretikatherapie in der Senkung karviovaskulärer Ereignisse bei Männern überlegen.
- Insbesondere ACE-Hemmer und AT_1-Rezeptorenblocker haben zudem ein günstigeres Nebenwirkungsprofil, z. B. keine diabetogene Wirkung, und sind besser verträglich.

! ***Fazit:*** Bei „unkomplizierter" Hypertonie sind die „alten" Substanzen gleichwertig, bei verschiedenen Begleiterkrankungen und Organkomplikationen sind die neueren Substanzen jedoch überlegen bzw. besser untersucht: Je höher das kardio- und zerebrovaskuläre Risiko, umso zwingender ergibt sich die Indikation für den Einsatz von ACE-Hemmern und AT_1-Rezeptorenblockern. Darin stimmen die meisten Fachgesellschaften in ihren Empfehlungen überein.

Herzerkrankungen

- Die Hypertonie ist ein wichtiger Risikofaktor für die koronare und hypertensive Herzerkrankung, die linksventrikuläre Hypertrophie und für die Entwicklung einer ischämischen Herzinsuffizienz, insbesondere im höheren Lebensalter. All diese Herzerkrankungen können mit Herzrhythmusstörungen einhergehen.
- Die antihypertensive Behandlung kann das Risiko für kardiale Ereignisse (plötzlicher Herztod, tödlicher und nicht tödlicher Herzinfarkt) senken und die Entwicklung einer Herzinsuffizienz und das Auftreten

von Herzrhythmusstörungen verhindern. Grundsätzlich führt jede Blutdrucksenkung zu einer Entlastung des latent oder manifest insuffizienten Herzens.

- Die verschiedenen Antihypertensiva haben sehr unterschiedliche kardiale Wirkungen. Dies betrifft sowohl strukturelle, koronare und myokardiale Effekte als auch Wirkungen auf die elektrische Reizbildung und Reizleitung. Daher ist ein differenzierter Einsatz der verschiedenen Substanzen, insbesondere bei manifester Herzerkrankung, sehr wichtig (Tab. 9.6).
- **Hypertonie und KHK:** Doppelindikation für β-Blocker. Insbesondere nach einem Myokardinfarkt sind β-Blocker zur Reinfarktprophylaxe, auch ohne manifeste Hypertonie, indiziert. Die Blutdrucksenkung mit ACE-Hemmern und Aldosteron-Antagonisten verringert ebenfalls die Rate kardiovaskulärer Ereignisse. Dagegen sind Kalzium-Antagonisten, insbesondere kurzwirksame vom Dihydropyridin-Typ (= mit der Endung „-pidin"), bei instabiler Angina pectoris und beim akuten Koronarsyndrom einschließlich Myokardinfarkt kontraindiziert; ebenso in den ersten vier Wochen nach Myokardinfarkt.

Tabelle 9.6 Antihypertensive Differenzialtherapie bei Herzerkrankungen

Erkrankung	bevorzugte Substanz	Bemerkungen
Koronare Herzkrankheit	β-Blocker, ACE-Hemmer, Kalziumantagonisten bei stabiler KHK	Kalziumantagonisten (DHP) beim akuten Koronarsyndrom, Myokardinfarkt und instabiler Angina pectoris kontraindiziert
linksventrikuläre Hypertrophie und hypertensive Herzkrankheit	ACE-Hemmer, AT_1-Blocker, β-Blocker, Kalziumantagonisten, Diuretika	
nach Myokardinfarkt	β-Blocker, ACE-Hemmer, Aldosteron-Antagonisten	bis 4 Wochen nach Infarkt keine Kalziumantagonisten
Herzinsuffizienz	ACE-Hemmer, β-Blocker, AT_1-Blocker, Aldosteron-Antagonisten, Diuretika	kein Verapamil, kein Diltiazem, kein α-Blocker
tachykarde Rhythmusstörungen	β-Blocker, Verapamil	Kalziumantagonisten vom DHP-Typ meiden
bradykarde Rhythmusstörungen	DHP-Kalziumantagonisten	β-Blocker und Verapamil kontraindiziert

- **Manifeste linksventrikuläre Hypertrophie bei hypertensiver Herzerkrankung:** Hier sind bevorzugt ACE-Hemmer, AT_1-Blocker und Kalziumantagonisten geeignet. Eine Abnahme der linksventrikulären Hypertrophie wurde auch unter β-Blockern und Diuretika gezeigt. Im direkten Vergleich war der AT_1-Blocker Losartan dem β-Blocker Atenolol bei Patienten mit linksventrikulärer Hypertrophie hinsichtlich Senkung zerebrovaskulärer Ereignisse überlegen.
- **Hypertonie und tachykarde Herzrhythmusstörungen:** β-Blocker und Verapamil sind geeignet, Blutdruck und Herzfrequenz zu senken. Bei bradykarden Herzrhythmusstörungen sind diese Substanzen kontraindiziert, und Kalzium-Antagonisten vom Dihydropyridin-Typ können evtl. die Frequenz anheben.
- **Hypertonie und Herzinsuffizienz:** Hier sind ACE-Hemmer die wichtigste und effektivste Substanzgruppe. Zusätzlich sollten β-Blocker, Diuretika und Aldosteron-Antagonisten zum Einsatz kommen. Neueste Daten sprechen auch für die Behandlung der Herzinsuffizienz mit einem AT_1-Blocker und für die Kombination aus ACE-Hemmer, AT_1-Blocker und β-Blocker. Kalzium-Antagonisten vom Verapamil- und Diltiazem-Typ sollten vermieden werden.

Stoffwechselerkrankungen

- **Hypertonie und Diabetes mellitus:**
  - Sowohl kardio- und zerebrovaskuläre Ereignisse als auch das Voranschreiten der diabetischen Nephropathie werden durch eine konsequente und strenge Blutdrucksenkung bei Diabetikern günstig beeinflusst.
  - In der UKPD-Studie ergab sich hinsichtlich Blutdrucksenkung und Risikoreduktion kein signifikanter Unterschied zwischen dem ACE-Hemmer Captopril und dem β-Blocker Atenolol. Allerdings kam es unter Atenolol zu einer signifikanten Gewichtszunahme.

  ! ***Hinweis:*** Eine strenge Blutdruckeinstellung ist einer optimalen Kontrolle des Blutzuckers hinsichtlich der Verhinderung schwerer Komplikationen überlegen.
  - Zur diabetischen Nephropathie siehe unten (S. 142).

! ***Cave:*** β-Blocker und Diuretika sind bei Patienten mit metabolischem Syndrom und Stoffwechselerkrankungen eher ungünstig:
  - Diuretika und β-Blocker haben langfristig eine diabetogene Wirkung und ungünstige Effekte auf den Lipidstoffwechsel (Triglyzeride und LDL-Cholesterin ↑).
  - β-Blocker sollten wegen der Gewichtszunahme bei übergewichtigen Patienten nicht initial eingesetzt werden. Hier sollten stoff-

Tabelle 9.7 Antihypertensive Differenzialtherapie bei Stoffwechselerkrankungen

Erkrankung	bevorzugte Substanzen	Bemerkungen
Diabetes mellitus (Typ 1 und 2)	ACE-Hemmer, AT_1-Blocker, β-Blocker, Kalziumantagonisten	β-Blocker und Diuretika haben diabetogene Wirkung
Adipositas	ACE-Hemmer, AT_1-Blocker, Diuretika, Kalziumantagonisten	β-Blocker führen zur Gewichtszunahme
Fettstoffwechselstörungen	ACE-Hemmer, AT_1-Blocker, Kalziumantagonisten	β-Blocker und Diuretika können zu einer Zunahme der Serumlipide führen, insbesondere der Triglyzeride
Hyperurikämie/ Gicht	Losartan ist das einzige Antihypertensivum mit einer urikosurischen Wirkung	Diuretika vermeiden
Metabolisches Syndrom	Stoffwechselneutrale Substanzen wie ACE-Hemmer, AT_1-Blocker und Kalziumantagonisten	s. o.

wechselneutrale Substanzen wie ACE-Hemmer, AT_1-Rezeptorenblocker und Kalziumanatgonisten bevorzugt werden.
- **Zu weiteren Erkrankungen** s. Tab. 9.7.

Nierenerkrankungen

- Das Voranschreiten einer Niereninsuffizienz kann durch eine sehr gute Blutdruckeinstellung deutlich verzögert werden.
- **Hypertonie und diabetische Nephropathie:** Die besten Erfahrungen – auch bezüglich einer Progressionshemmung – liegen für ACE-Hemmer und AT_1-Rezeptorenblocker vor. Diese Substanzen sind daher von der ADA (American Diabetes Association) und anderen Fachgesellschaften als Medikamente der ersten Wahl für diese Indikation empfohlen.
- **Hypertonie und nichtdiabetische Nierenerkrankungen** (isolierte Proteinurie und/oder Niereninsuffizienz): Die Progression kann durch ACE-Hemmer auch unabhängig vom blutdrucksenkenden Effekt verlangsamt werden.

! ***Hinweis:*** Ein Diuretikum sollte bei Niereninsuffizienz immer Bestandteil der antihypertensiven Therapie sein. Meist sind jedoch Mehrfach-

Tabelle 9.8 Antihypertensive Differenzialtherapie bei Nierenerkrankungen

Erkrankung	bevorzugte Substanzen	Bemerkungen
diabetische Nephropathie Typ 1	ACE-Hemmer, AT_1-Blocker	häufig sind Mehrfachkombinationen notwendig, um den Zielblutdruck zu erreichen: Ein Diuretikum sollte stets dabei sein
diabetische Nephropathie Typ 2	ACE-Hemmer, AT_1-Blocker	s. o.
nicht diabetische Nephropathie	ACE-Hemmer, AT_1-Blocker	s. o.
Mikroalbuminurie, Proteinurie	AT_1-Blocker, ACE-Hemmer	s. o.

kombinationen erforderlich, um die erforderlichen Zielblutdruck-Werte zu erreichen.

Zerebrovaskuläre Erkrankungen und Schlaganfall

- Die Hypertonie ist der wichtigste und häufigste Risikofaktor für den Schlaganfall.
- Die antihypertensive Therapie ist die erfolgreichste Maßnahme zur Schlaganfallverhütung. In allen bisherigen Interventionsstudien wurde eine deutliche Reduktion der Schlaganfallrate um ca. 40% nachgewiesen. Dies betrifft alle Schweregrade der Hypertonie einschließlich der isolierten systolischen Hypertonie.
- Die erfolgreichen Studien wurden mit allen Substanzen durchgeführt, d. h. Diuretika, β-Blocker, ACE-Hemmer, Kalzium-Antagonisten und AT_1-Rezeptorenblocker.

! ***Beachte:*** Bemerkenswert ist allerdings die Überlegenheit der AT_1-Rezeptorblocker im Vergleich mit anderen Substanzen.

- Auch in der Sekundär-Prävention nach einem Schlaganfall kann die antihypertensive Therapie ein erneutes Ereignis verhindern.
- Es mehren sich die Hinweise, dass eine antihypertensive Therapie auch die Entwicklung einer vaskulären Demenz, die häufig Folge einer unzureichend behandelten Hypertonie ist, verhindern kann und sich positiv auf die kognitiven Leistungen auswirkt.

Tabelle 9.9 Differenzialtherapie bei weiteren Erkrankungen

Erkrankung	bevorzugte Substanzen	Bemerkungen
Isolierte systolische Hypertonie, ältere Hypertoniker	Diuretika, Kalziumantagonisten, β-Blocker	ACE-Hemmer und AT_1-Blocker wurden bisher im höheren Lebensalter nicht untersucht, sollten aber insbesondere bei älteren Patienten mit kardialen Erkrankungen eingesetzt werden
Asthma bronchiale, COPD	ACE-Hemmer, AT_1-Blocker, Kalziumantagonisten, Diuretika	nicht selektive β-Blocker kontraindiziert
Schlaf-Apnoe-Syndrom	ACE-Hemmer, AT_1-Blocker, Kalziumantagonisten	β-Blocker vermeiden
pAVK	Kalziumantagonisten, ACE-Hemmer, AT_1-Blocker	β-Blocker in höheren Stadien der pAVK meiden
Schwangerschafts-hypertonie	Methyldopa, Metoprolol, Dihydralazin, Urapidil, Magnesium	

Weitere Begleiterkrankungen

- Isolierte systolische Hypertonie im Alter: Es liegen Studiendaten für Diuretika, Kalziumanatgonisten und β-Blocker vor. ACE-Hemmer und AT_1-Antagonisten wurden bisher speziell für diese Indikation nicht untersucht, sind aber insbesondere bei kardialen Begleiterkrankungen im Alter sicher einzusetzen.
- Asthma, chronisch-obstruktive Lungenerkrankung (COPD), pAVK (höhere Stadien), obstruktives Schlafapnoesyndrom: Hier sind β-Blocker kontraindiziert.
- Schwangerschaftshypertonie: α-Methyldopa ist Mittel der ersten Wahl, gefolgt von β-Blockern ($β_1$-selektiv) und Dihydralazin.

9.6 Pharmakologie der Antihypertensiva

! ***Hinweis:*** Die Entwicklungsgeschichte der Antihypertensiva in den letzten 60 Jahren ist eine beispiellose Erfolgsgeschichte. Meilensteine waren die Entwicklung der Diuretika, der β-Blocker, der Kalziumantagonisten und der ACE-Hemmer. Mit dem heute verfügbaren Arsenal an gut wirksamen und nebenwirkungsarmen Substanzen, gelingt es den Blutdruck sehr gut verträglich einzustellen und selbst schwerste Hochdruckformen mit einer adäquaten Kombination zu beherrschen. Mit den AT_1-Rezeptorblockern scheint die vorläufige Spitze der pharmazeutischen Entwicklung erreicht zu sein. Sie erfüllen die Mehrzahl der Anforderungen, die an ein *ideales* Antihypertensivum gestellt werden.

ACE-Hemmer

▶ **Wirkmechanismus:** ACE-Hemmer bewirken über eine Blockierung des Angiotensin-Converting-Enzyms eine **Synthesehemmung des Angiotensins II**. Da ACE mit der Kininase-II identisch ist, hemmen ACE-Hemmer den **Abbau des Vasodilatators Bradykinin**. Die Folgen sind:

- Senkung des peripheren Widerstands und Zunahme der venösen Kapazität, → Angiotensin II ist der stärkste Vasokonstriktor.
- Reduktion der Angiotensin-II-induzierten Aldosteron- und ADH-Sekretion → Abnahme der Wasser- und Salzretention
- Abnahme der Sympathikusaktivität durch Hemmung der Angiotensin-II-induzierten Noradrenalinfreisetzung aus terminalen Nervenendigungen.
- Parakrine Hemmung von zirkulierendem und gefäßständigem Renin.
- Potenzierung vasodilatatorisch wirkender Prostaglandine und Steigerung der Nierendurchblutung (→ Hemmung des Bradykininabbaus).
- Bei chronischer Gabe wirken ACE-Hemmer antiproliferativ in der Gefäßwand und am Herzen und hemmen so die hypertoniebedingten pathologischen Umbauprozesse („*Remodelling*") im kardiovaskulären System (→ Rückbildung der linksventrikulären Hypertrophie, S. 119). Diese Prozesse sind z. T. unabhängig von der Blutdrucksenkung und werden u. a. durch die Inhibition von Wachstumsfaktoren gesteuert.

! ***Hinweis:*** ACE-Hemmer wirken auch bei Patienten mit normalen Renin- und Angiotensinspiegeln im Plasma. Dies wird durch ihre vornehmliche Wirkung auf die gewebsständigen Renin-Angiotensin-Systeme erklärt.

▶ **Vorteile der ACE-Hemmer:**

- ACE-Hemmer führen zur einer Senkung von Vor- und Nachlast ohne eine Reflextachykardie (S. 145) auszulösen, da der Sympathikus gedämpft wird (s. o.).

- ACE-Hemmer sind nicht nur „stoffwechselneutral", sondern haben sogar günstigen Einfluss auf den Lipid- und Glukosestoffwechsel.
  ! *Hinweis:* Diese Eigenschaft macht sie gerade für Patienten mit einem metabolischen Syndrom (S. 142) zu idealen Antihypertensiva.
- ACE-Hemmer wirken nephroprotektiv: Durch eine selektive Tonusabnahme des Vas efferens kommt es zu einer Senkung des glomerulär-kapillären Drucks, sodass der chronische Stress auf die Kapillarwand nachlässt → Abnahme der Proteinurie. **! *Hinweis:*** Insbesondere bei leichter Niereninsuffizienz wirken ACE-Hemmer besonders günstig und können die Progression des Funktionsverlustes der Niere deutlich verzögern.

▸ **Nebenwirkungen:**

- Reizhusten (ca. 10–20 %, dosisunabhängig).

! *Hinweis:* Der Reizhusten entsteht wahrscheinlich durch die erhöhte Bradykininkonzentration.

- Angioödem (selten).
- Exanthem.
- Auslösen eines akuten Nierenversagens, z. B. bei Patienten mit Nierenarterienstenose, Hypovolämie oder hochdosierter Diuretikatherapie (über die Dilatation der efferenten Arteriole führen ACE-Hemmer zu einer leichten Abnahme der glomerulären Filtrationsrate. Bei Patienten mit eingeschränkter Nierendurchblutung und gleichzeitigem Abfall des Blutdrucks kann es daher zu einer bedrohlichen Einschränkung der Nierenfunktion mit Entwicklung eines ANV kommen).
- Hyperkaliämie: **! *Cave:*** Nicht mit kaliumsparenden Diuretika kombinieren (S. 155)!
- Bedrohlicher Blutdruckabfall bei Patienten mit Diuretika-Vorbehandlung oder Nierenarterienstenose, da diese Patienten ein stimuliertes Renin-Angiotensin-Aldosteron-System haben.

▸ **Kontraindikationen:** Ein- oder beidseitige Nierenarterienstenose (s. o.), Einzelniere, Hyperkaliämie, obstruktive hypertrophische Kardiomyopathie, hochgradige Aortenstenose, Leberfunktionsstörungen. **! *Cave*** bei schwerer Niereninsuffizienz (Kreatinin-Clearance < 30 ml/min, Kreatinin > 1,8 mg/dl) → bei eingeschränkter Nierenfunktion kann eine überschießende Blutdrucksenkung zu einem weiteren „funktionellen" Verlust der Nierenfunktion führen.

▸ **Pharmakokinetik:**

- ACE-Hemmer sind überwiegend „Prodrugs" (*Ausnahmen:* Captopril und Lisinopril), d. h. sie werden in der Leber zu biologisch aktiven „Prilaten" aktiviert.

Tabelle 9.10 ACE-Hemmer

Substanz	Dosis bei Hypertonie (mg/d)	HWZ (h)
Benazepril	1 × 2,5–40	10–1[illegible]
Captopril	2–3 × 6,5–50	1,7
Cilazapril	1 × 0,5–5	40–50
Enalapril	1 × 2,5–40	11
Fosinopril	1 × 10–40	12
Imidapril	1 × 10–20	2
Lisinopril	1 × 2,5–20	24
Moexipril	1 × 7,5–15	8
Perindopril	1 × 2–8	9
Quinapril	1 × 10 bis 2 × 20	26
Ramipril	1 × 2,5–10	13–17
Spirapril	1 × 3–6	40
Trandolapril	1 × 0,5–4	16–24

- Ihre antihypertensive Wirkdauer beträgt bei den meisten Wirkstoffen 24 Stunden (*Ausnahme:* Captopril → 8–12 Stunden).
- Die meisten ACE-Hemmer werden renal elimiert →

! ***Beachte:*** Dosisanpassung bei Niereninsuffizienz. Fosinopril ist die einzige Substanz, die sowohl renal als auch hepatisch ausgeschieden wird. Bei Patienten mit Niereninsuffizienz wird Fosinopril bevorzugt hepatisch ausgeschieden.

▶ **Präparate und Dosierungen:** Siehe Tab. 9.10.

Angiotensin$_1$-Rezeptor-Blocker

! ***Hinweis zur Nomenklatur:*** Diese Medikamentengruppe wird häufig auch als sog. Angiotensin-II-Rezeptor-Antagonisten (Sartane) bezeichnet. Dieser Ausdruck ist pharmakologisch allerdings nicht ganz korrekt, da nicht das Angiotensin II gehemmt oder blockiert wird, sondern seine Wirkung am AT_1-Rezeptor.

▶ Angiotensin II bindet an zwei Angiotensin-Rezeptoren, die als AT_1- und AT_2-Rezeptoren bezeichnet werden. AT_1 und AT_2 haben eine 30%ige Homologie und gehören zur Familie der G-Protein-gekoppelten Rezeptoren. Die meisten der pathophysiologischen Wirkungen des Angiotensin II wird über den AT_1-Rezeptor vermittelt:

- *AT_1-Rezeptor:* Vasokonstriktion, Aldosteronfreisetzung, Salzretention, Durststimulation, Hypertrophie von Gefäß- und Herzmuskelzellen und myokardiale Fibrose.
- *AT_2-Rezeptor:* Seine Funktion ist nicht vollständig aufgeklärt. Er scheint als Gegenspieler des AT_1-Rezeptors zu fungieren, da er antiproliferativ und vasodilatatorisch wirkt.

▸ **Wirkmechanismus:** AT_1-Rezeptor-Blocker hemmen kompetitiv die Wirkung von Angiotensin II am AT_1-Rezeptor. Gleichzeitig wird über einen Feedback-Mechanismus vermehrt Renin ausgeschüttet und damit die Angiotensin-II-Aktivität erhöht. Angiotensin II steht damit vermehrt zur Bindung am unblockierten AT_2-Rezeptor zur Verfügung. Die vermehrte Stimulation des AT_2-Rezeptors verstärkt wahrscheinlich die Wirkung der AT_1-Rezeptor-Blocker über zusätzliche vasodilatatorische und antiproliferative Effekte. Weiterhin führen AT_1-Blocker zu einer Herabsetzung der Sympathikusaktivität.

▸ **Nebenwirkungen:**

! ***Beachte:*** AT_1-Rezeptor-Blocker sind die erste Substanzklasse, die keine spezifischen Nebenwirkungen haben!

- Insbesondere der unter ACE-Hemmer typische trockene Reizhusten tritt unter AT_1-Rezeptor-Blocker nicht auf. Im Vergleich mit Plazebo sind sogar weniger Nebenwirkungen beobachtet worden, dies betrifft insbesondere Kopfschmerzen. Da aber alle Nebenwirkungen im Beipackzettel erwähnt werden müssen – unabhängig davon, ob sie substanzspezifisch sind oder durch die Blutdrucksenkung ausgelöst werden –, finden sich auch bei den AT_1-Rezeptor-Blocker entsprechende Hinweise.

! ***Cave:*** Bei Patienten mit Niereninsuffizienz, Nierenarterienstenose, Diuretikatherapie oder Hypovolämie kann es allerdings wie bei den ACE-Hemmern über einen starken Blutdruckabfall zu einer Verschlechterung der Nierenfunktion kommen (S. 146).

- Ihre besondere Verträglichkeit mit entsprechend hoher Patienten-Compliance ist ein Grund für ihren besonderen Stellenwert. Sie werden von allen Antihypertensiva am besten vertragen und zeigen die niedrigste Absetzquote! Außerdem haben sie einen nachgewiesenen nephroprotektiven Effekt, insbesondere bei der diabetischen Nephropathie.

! ***Konsequenz:*** AT_1-Rezeptor-Blocker sind nicht mehr nur Ersatz für ACE-Hemmer, wenn diese nicht vertragen werden, sondern haben ihren Platz als gleichberechtigte Substanzgruppe neben Diuretika (S. 153), β-Blockern (S. 149), ACE-Hemmern (S. 145) und Kalziumantagonisten (S. 157).

- **Hinweise:**
  - In der Schlaganfallprophylaxe (Primär- und Sekundärprävention) sind AT_1-Blocker besonders gut geeignet.
  - Wie erste Ergebnisse zeigen, wirken sich AT_1-Rezeptor-Blocker günstig auf die hypertoniebedingte erektile Dysfunktion beim Mann aus (S. 121)!
- **Pharmakokinetik:**
  - Candersartan und Olmesartan sind Prodrugs, die erst nach Abspaltung während der Resorption freigesetzt werden. Losartan wird in der Leber zu einem aktiven Metaboliten umgewandelt, ist aber auch selbst am AT_1-Rezeptor wirksam.
  - Die antihypertensive Wirkdauer der AT_1-Rezeptor-Blocker wird in den empfohlenen Dosierungen übereinstimmend mit 24 Stunden angegeben. Telmisartan hat aufgrund der längeren HWZ auch die längste antihypertensive Wirkung.
  - AT_1-Rezeptor-Blocker werden zu 50% über die Niere und zu 50% über die Leber ausgeschieden (*Ausnahme:* Telmisartan wird hepatobiliär elimiert).
- **Präparate und Dosierungen:** Siehe Tab. 9.11.

β-Blocker

- **Wirkmechanismus:** ! ***Hinweis:*** Das sympathikoadrenerge System spielt neben dem Renin-Angiotensin-Aldosteron-System eine zentrale Rolle bei der Blutdruckregulation des Normotonikers wie des Hypertonikers. Ein erhöhter Sympathikotonus wird als pathogenetischer Faktor insbesondere zu Beginn der Hypertonie gefunden (S. 70). Die Erhöhung des Blutdrucks wird dabei über eine Stimulation der kardialen und renalen β_1-Rezeptoren vermittelt. **Die anti-**

Tabelle 9.11 AT_1-Rezeptor-Blocker

Substanz	Dosis bei Hypertonie (mg/d)	HWZ (h)
Candesartan	1 × 4–16	6–13
Eprosartan	1 × 600–800	4,5–9
Irbesartan	1 × 150–300	11–15
Losartan	1 × 50–100	1–3
Olmesartan	1 × 10–40	11–15
Telmisartan	1 × 20–80	21–38
Valsartan	1 × 80–160	6–9

hypertensive Wirkung der β-Blocker beruht im Wesentlichen auf:

- *Suppression der β_1-Rezeptor-vermittelten Reninfreisetzung* (→ Abnahme der Angiotensin II-Konzentration, S. 67).
- *Abnahme der myokardialen Kontraktilität und der Herzfrequenz* (→ bei langfristiger Anwendung Abnahme des Herzminutenvolumens).
- *Sollwertverstellung der Barorezeptoren* durch die Beeinflussung von Herzfrequenz, Blutdruckamplitude und Geschwindigkeit des arteriellen Druckanstiegs.
- *Blockade präsynaptischer β_2-Adrenozeptoren*, wodurch die Ausschüttung von Noradrenalin in den synaptischen Spalt vermindert wird.
- Einige β-Blocker haben eine *zusätzliche vasodilatatorische Wirkung* (Tab. 9.12):
  - Durch eine zusätzliche α_1-blockierende Wirkung (z. B. Carvedilol).
  - Durch eine stickoxidabhängige Wirkung (Nebivolol).

! ***Hinweis:*** Umstritten ist nach wie vor, ob β-Blocker auch zu einer *Verminderung des zentralnervösen Sympathikotonus* führen, da die verschiedenen β-Blocker sehr unterschiedlich hirngängig sind, jedoch alle vergleichbar stark den Blutdruck senken.

▶ **Nebenwirkungen:** Bradykardie, AV-Block, Bronchokonstriktion, Gewichtszunahme, Abnahme HDL-Cholesterin, Zunahme der Triglyzeride, Abnahme der körperlichen Leistungsfähigkeit, Sexualfunktionsstörungen, Alpträume, Absetzsyndrom (bei KHK), Durchblutungsstörungen.

! ***Hinweis:*** Die erektile Dysfunktion gehört zu den Folgeerkrankungen bei männlichen Hypertonikern (S. 121). β-Blocker können die sexuelle Funktionsstörung verstärken und dadurch die Lebensqualität und die Compliance der Patienten erheblich beeinträchtigen. Da dieses Thema nach wie vor für viele Patienten aus Scham verschwiegen wird, sollte der Arzt aktiv danach fragen!

▶ **Kontraindikationen:** Bradykardie, AV-Block II°/III°, Sinusknotensyndrom, Asthma bronchiale, COPD, Hypoglykämie bei Diabetes mellitus, Raynaud-Syndrom und funktionelle Durchblutungsstörungen.

! ***Hinweis:*** Die Hypoglykämie entsteht durch die Verhinderung der sympathikusinduzierten Glykogenolyse in der Leber. **Cave bei Diabetikern:** Durch die Unterdrückung des Sympathikus bemerken Patienten mit Diabetes mellitus die Warnsymptome einer Hypoglykämie eventuell nicht!

▶ **Präparate und Dosierungen:** Siehe Tab. 9.12.

▶ **Pharmakokinetik:** Zur Metabolisierung über das Cytochrom-System in der Leber, S. 166.

Tabelle 9.12 β-Blocker

Substanz	Dosis bei Hypertonie (mg/d)	HWZ (h)
Acebutalol	2 × 200–400	7–13
Atenolol	1 × 25–100	6–11
Betaxolol	1 × 10–20	14–22
Bisoprolol	1 × 2,5–10	10–12
Carvedilol	1 × 12,5–25	6–10
Celiprolol	1 × 200–400	5–7
Metoprolol	2 × 50–100[1]	3–5[1]
Nadalol	1 × 30–120	20–24
Nebivolol	1 × 2,5–5	10
Pindolol	2–3 × 5	2–5
Propranolol	2–3 × 40	2–6
Sotalol	2 × 80	8–12
Talinolol	1 × 100	9–15

[1]retardiert als BelocZOK® > 24 h (Einmaldosierung)

▸ **Pharmakodynamik:**

- *Selektivität:* Die verschiedenen β-Blocker unterscheiden sich bezüglich ihrer Affinität zu den β_1- und β_2-Rezeptoren (Tab. 9.13):
  - *β_1-Rezeptor:* Vorkommen siehe Abb. 9.4. Adrenalin und Noradrenalin wirken äquipotent am β_1-Rezeptor, der z. B. die positive Inotropie des Herzmuskels vermittelt.
  - *β_2-Rezeptor:* Vorkommen siehe Abb. 9.4. Am β_2-Rezeptor wirkt Adrenalin stärker als Noradrenalin: Die Antwort ist eine Relaxation von Gefäß-, Bronchial- und Uterusmuskulatur.

  ! ***Hinweis:*** Aus der Verteilung der β-Rezeptoren an den einzelnen Organen wird ersichtlich, dass z. B. die Entwicklung eines reinen kardioselektiven (β_1-selektiven) Blockers nicht möglich ist. Man sollte daher heute eher von einer Prävalenz als von einer Selektivität sprechen.
- *Intrinsische Eigenaktivität* (ISA = Intrinsic Sympathicomimetic Activity): Die meisten β-Blocker sind reine Antagonisten ohne intrinsische agonistische Aktivität. Die ISA macht sich *klinisch* durch einen geringeren Abfall der Herzfrequenz unter β-Blockade bemerkbar.

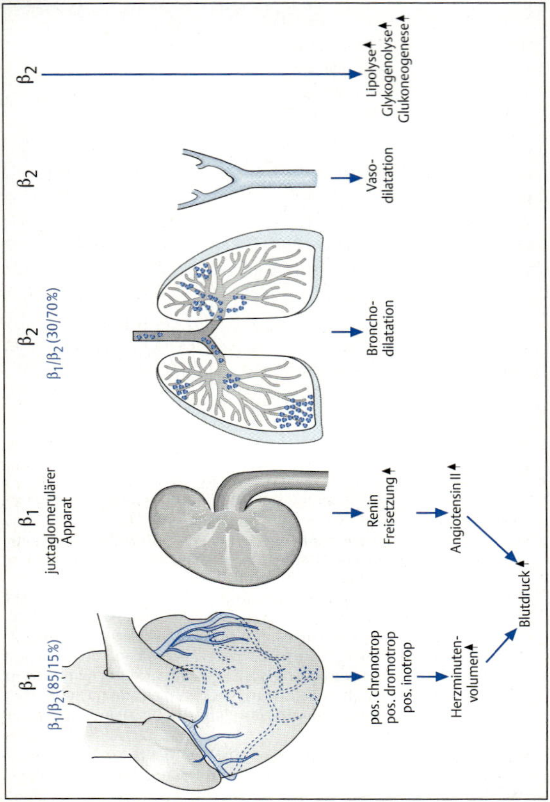

Abb. 9.4 Vorkommen und Wirkung der β-Rezeptoren

Tabelle 9.13 β-Blocker-Generationen

Generation	Selektivität	Substanz
1. Generation	unselektiv	z. B. Propanolol, Pindolol
2. Generation	β_1-selektiv[1]	z. B. Atenolol, Metoprolol, Bisoprolol, Betaxolol
3. Generation	β-Blockade plus Vasodilatation	Carvedilol (unselektiv) Celiprolol ($ß_1$-selektiv[1]) Nebivolol ($ß_1$-selektiv[1])

[1] β_1-selektive (= kardioselektive) β-Blocker haben eine höhere Affinität zum β1-Rezeptor als zum β_2-Rezeptor. Da allerdings auch an der Lunge β_1-Rezeptoren vorhanden sind (Abb. 9.4), ist eine komplette Kardioselektivität nicht zu erreichen.

Sie ist besonders stark ausgeprägt beim Pindolol. *Nicht angewandt werden sollten β-Blocker mit ISA* bei Rhythmusstörungen, Tachykardie und Patienten, die unter Schlafstörungen und Alpträumen leiden.

Diuretika

! ***Hinweis:*** Obwohl die Diuretika ursprünglich gar nicht für die Hochdruckbehandlung konzipiert waren, haben sie heute einen sehr hohen Stellenwert erreicht; eine Kombinationstherapie ohne Diuretika ist undenkbar: Sie sind die omnipotenten Kombinationspartner für alle anderen Substanzen.

▶ Für die antihypertensive Therapie stehen drei unterschiedliche Klassen von Diuretika zur Verfügung:
- Schleifendiuretika.
- Thiazide und wirkungsgleiche Diuretika.
- Kaliumsparende Diuretika.

! ***Hinweis:*** Karboanhydrasehemmer haben in der Hochdruckbehandlung keine Bedeutung.

▶ **Allgemeiner Wirkungsmechanismus:** Alle Diuretika haben eine **natriuretische Wirkung**, die zu einer erhöhten Natriumausscheidung und einer Abnahme des Körpernatriums führt. Den stärksten diuretischen Effekt haben die Schleifendiuretika; diese sollten aber erst bei eingeschränkter Nierenfunktion eingesetzt werden, wenn Thiaziddiuretika nicht mehr wirken (s. u.). Wirkorte der verschiedenen Diuretika, siehe Abb. 9.5.

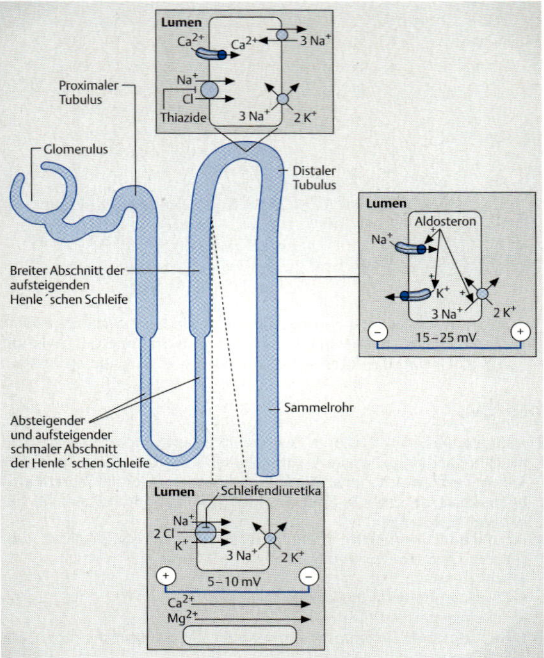

Abb. 9.5 Wirkorte der verschiedenen Diuretikaklassen

- **Thiaziddiuretika:**
  - **!** ***Merke:*** Diuretika sind Mittel der Wahl in der Hypertoniebehandlung!
  - Thiaziddiuretika spielen die dominierende Rolle in der Hypertoniebehandlung. Nach oraler Gabe werden sie schnell und zuverlässig zu

etwa 80% und mehr resorbiert und unverändert renal ausgeschieden. Deutliche Unterschiede gibt es bei der Wirkdauer. Bis heute ist nicht eindeutig geklärt, ob die diuretische bzw. natriuretische und die antihypertensive Wirkungsdauer identisch sind.

- *Wirkmechanismus:* Neben der Natriurese mit Abnahme des Extrazellulärvolumens (Senkung der Vorlast und des Herzzeitvolumens), beobachtet man bei antihypertensiver Langzeittherapie mit Thiaziddiuretika eine verminderte Vasokonstriktion auf pressorische Reize und Substanzen und eine Abnahme des peripheren Widerstands. Dieser Effekt wird evtl. über eine Herabsetzung der adrenergen Sensitivität (vermindertes Ansprechen auf Noradrenalin und Angiotensin II) vermittelt. Außerdem wirken Diuretika der Natrium- und Wasserretention – einer unerwünschten Begleitwirkung einiger anderer Antihypertensiva – entgegen. Das ist mit ein Grund für die große Bedeutung der Diuretika in der antihypertensiven Kombinationstherapie.
- Thiazide und wirkungsgleiche Diuretika sind bei Kreatininwerten ab etwa 2 mg/dl in der Regel zu schwach, um die durch die Nierenfunktionseinschränkung bedingte und durch andere Antihypertensiva verstärkte Natriumretention zu kompensieren. In diesem Fall besteht eine Indikation für den Einsatz von Schleifendiuretika (s. u.). Versuchsweise können sie auch bei Patienten mit so genannter therapierefraktärer Hypertonie ohne Niereninsuffizienz eingesetzt werden.

- **Schleifendiuretika:** Schleifendiuretika sind in der Hypertoniebehandlung nur bei eingeschränkter Nierenfunktion (Kreatinin > 2 mg/dl) indiziert.
- **Kaliumsparende Diuretika:** Die kaliumsparenden Diuretika haben sich in der Monotherapie der Hypertonie nicht durchsetzen können, obwohl insbesondere für Spironolacton (weniger für Amilorid und Triamteren) eine eigenständige antihypertensive Wirkung nachgewiesen werden konnte. Dagegen haben sie in der Kombination mit Thiaziddiuretika große Bedeutung für die Therapie und Prophylaxe des renalen Kaliumverlusts. In geeigneter Dosierung sind die drei Substanzen in dieser Hinsicht quantitativ gleich wirksam. Zahlreiche fixe Kombinationen aus Thiaziddiuretikum und kaliumsparendem Diuretikum stehen zur Auswahl.
- **Aldosteronantagonisten:** Der nichtselektive Aldosteronantagonist Spironolacton und der neue selektive Aldosteron-Rezeptor-Antagonist Eplerenon sind im Tiermodell sehr effektiv in der Rückbildung bzw. Prävention vaskulärer und kardialer Kollagenablagerungen. In der RALES-Studie konnte Spironolacton bei Patienten mit Herzinsuffi-

zienz sehr erfolgreich die Morbidität und Mortalität senken. Für Spironolacton und Eplerenon ergeben sich darüber hinaus neue Indikationen beim Herzinfarkt mit ventrikulärer Dysfunktion.

- **Dosis-Wirkungsbeziehung:** Die Dosis-Wirkungskurve des antihypertensiven Effekts der Diuretika ist ausgesprochen flach. Deshalb verbessert eine Dosiserhöhung über 50 mg Hydrochlorothiazid oder Äquivalenzdosen anderer Diuretika die Blutdrucksenkung nicht wesentlich. Da die Nebenwirkungen der Diuretika aber deutlich dosisabhängig sind (insb. metabolische Nebenwirkungen und Elektrolytstörungen) werden heute für die antihypertensive Therapie wesentlich niedrigere Dosen empfohlen als früher: **!** ***Beachte:*** Für Hydrochlorothiazid sollte die Dosis möglichst 25 mg nicht übersteigen.
- **Nebenwirkungen:** Diuretika haben in der Langzeitanwendung einen diabetogenen Effekt und wirken sich ungünstig auf die Sexualfunktion (erektile Dysfunktion, S. 121) aus. Diese beiden negativen Wirkungen haben insbesondere bei einer zu erwartenden Langzeittherapie bei Hypertonikern im jüngeren und mittleren Alter eine ganz erhebliche Bedeutung, während sie für ältere Patienten evtl. unerheblich sind. Die wichtigste Nebenwirkung von Spironolacton ist die Gynäkomastie. Elektrolytstörungen wie Hypokaliämie und Hyponatriämie treten insbesondere unter der nicht gerechtfertigten Anwendung von Schleifendiuretika bei normaler Nierenfunktion auf. Unter Thiaziddiuretika in der heute üblichen niedrigen Dosierung wird eine Hypokaliämie bei 5–10% der Patienten beobachtet (→ sinnvolle Kombination mit kaliumsparenden Diuretika!). Die häufig beobachtete Hyperurikämie ist für Patienten mit Gicht relevant.
- **Kontraindikationen:** Eine *absolute Kontraindikation* ist nur für die kaliumsparenden Diuretika bekannt → Niereninsuffizienz und Hyperkaliämie. Als *relative Kontraindikationen* für die Anwendung von Thiaziddiuretika gelten Gicht, Hyperurikämie und Hypokaliämie. Eine relative Kontraindikation für Schleifendiuretika ist die Hypokaliämie.
- **Präparate und Dosierungen:** Siehe Tab. 9.14.

! ***Hinweis:*** Eine Bevorzugung der Diuretika vor allen anderen Substanzen, wie es aus ökonomischen Gründen seit Veröffentlichung der ALLHAT-Studie gelegentlich geschieht, ist aus mehreren Gründen nicht gerechtfertigt. In der ALLHAT-Studie wurde Chlortalidon untersucht, welches zwar wirkungsgleich mit anderen Thiaziddiuretika ist. Eine Übertragung der Ergebnisse auf alle anderen Diuretika ist aber nicht gerechtfertigt: Chlortalidon führte zu einer stärkeren Blutdrucksenkung als die Vergleichssubstanzen Lisinopril (ACE-Hemmer) und Amlodipin (Kalziumanatgonist). Dies war durch den hohen Prozentsatz von Hypertonikern schwarzer Hautfarbe bedingt, bei denen Diu-

Tabelle 9.14 Diuretika

Substanz	Dosis bei Hypertonie (mg/d)	HWZ (h)
Thiazide		
Hydrochlorothiazid	1 × 12,5–50	2,5–12
Chlorthalidon	1 × 12,5–25	44–60
Bendroflumethiazid	1 × 2,5–5	3–8,5
Xipamid	1 × 5–40	7–9
Indapamid	1 × 1,5–2,5	15–18
Clopamid	1 × 10–20	4–5
Schleifendiuretika		
Furosemid	1–2 × 20–80	0,3–3,4
Piretamid	1–2 × 3–6	0,6–1,5
Bumetanid	1–2 × 0,5–1	0,3–1,5
Torasemid	1–2 × 2,5–5	0,8–6
K^+-sparende Diuretika		
Amilorid	1 × 2,5–5	6–21
Triamteren	1 × 25–50	2–4,2
Spironolacton	1 × 25–100	1,3–1,6

retika besser wirken als ACE-Hemmer. Es kam trotz der besseren Blutdrucksenkung aber nicht zu einer günstigeren Beeinflussung der primären Endpunkte unter Chlortalidon, jedoch zu einer höheren Prävalenz von Hypokaliämie und neu aufgetretenem Diabetes.

Kalziumantagonisten

- Kalziumanatgonisten werden in drei Gruppen aufgeteilt:
  - *Dihydropyridine* (Leitsubstanz: Nifedipin).
  - *Phenylalkylamine* (Leitsubstanz: Verapamil).
  - *Benzothiazepine* (Leitsubstanz: Diltiazem).
- **Wirkmechanismus:** Kalziumantagonisten blockieren den Einstrom von Kalzium in die Herzmuskelzellen, Zellen des kardialen Reizleitungssystem und glatten Gefäßmuskelzellen.
  - Am Herzmuskel führt eine Kalziumkanal-Blockade über die Hemmung der elektromechanischen Kopplung zu einem negativ inotropen Effekt.

- Am Sinus- und AV-Knoten führt ein Kalziumeinstrom hauptsächlich zur Depolarisation. Daher führt die Blockade von Kalziumkanälen hier zu negativ chronotropen und negativ dromotropen Effekten.
- An glatten Gefäßmuskelzellen führen Kalziumantagonisten zu einer Relaxation von Arteriolen.

▶ Kalziumkanalblocker unterscheiden sich im Hinblick auf ihre Wirkung auf die genannten kardialen bzw. vaskulären Mechanismen. Die Potenz der vasodilatatorischen Effekte lässt sich wie folgt darstellen: Nifedipin > Verapamil > Diltiazem.

▶ **Dihydropyridine:** Vermindern den arteriolären Gefäßwiderstand und damit den Blutdruck.

! ***Merke:*** Aufgrund ihrer direkten Gefäßwirkung sind sie die bevorzugten Kalziumantagonisten in der Hypertoniebehandlung!

- Sie haben eine deutlich stärkere Affinität zu vaskulären als zu kardialen Kalziumkanälen. Hierfür ist unter anderem die hohe Lipophilie der Dihydropyridine sowie ihre höhere Affinität zu geschlossenen Kanälen (wie sie seltener im Myokard zu finden sind) verantwortlich. Daher weist das Nifedipin keine negativ inotropen, chronotropen oder dromotropen Wirkungen auf.
- Der Anstieg der Herzfrequenz und der Herzauswurfleistung nach Dihydropyridingabe ist nicht auf einen direkten Wirkmechanismus zurückzuführen, sondern beruht auf einer reflektorischen Steigerung des Sympathikotonus (= Reflextachykardie).

! ***Hinweis:*** Amlodipin (Dihydropydridin mit langer HWZ) führt einer geringeren Reflextachykardie (in unretardierter Form); der Grund hierfür ist möglicherweise die deutlich längere Halbwertzeit, die zu geringeren Schwankungen der Plasmaspiegel führt.

▶ Auch **Phenylalkamine** (Verapamil)

- führen zu einer Verringerung des Gefäßwiderstands und zur Senkung des Blutdrucks.
- Im Unterschied zu den Dihydropyridinen haben sie eine deutlich höhere Affinität zu myokardialen Kanälen mit direkten negativ chronotropen, dromotropen und inotropen Effekte.
- Die negativ chronotropen Effekte heben auch die Reflextachykardie auf, was zu einer neutralen Wirkung auf die Herzfrequenz als Nettoeffekt führt.
- Die negativ inotropen Wirkungen der Phenylalkamine können teilweise durch die Nachlastsenkung und die reflektorische Steigerung des Sympathikus, besonders bei Patienten ohne Herzinsuffizienz, neutralisiert werden

- **Benzothiazepine** (Diltiazem) haben verglichen mit den Phenylalkamine ähnliche Wirkungen, wobei Diltiazem zu einem negativ chronotropen Effekt führt. Die negativ inotropen Wirkungen sind geringer.

! ***Hinweis:*** Neben den klassischen Wirkungen der Kalziumkanalblocker auf das kardiovaskuläre System wurde auch postuliert, dass einige Substanzen (z. B. Verapamil und Nifedipin) antioxidativ wirken können und somit die Endothelfunktion verbessern könnten.

- **Nebenwirkungen:**
  - *Verapamil, Diltiazem, Gallopamil:* AV-Blockierungen, Sinusknotenstörungen, negativ inotrope Wirkungen und Obstipation (Verapamil).
  - *Dihydropyridine:* Tachykardie, Flush, Kopfschmerzen und prätibiale Ödeme.
- **Kontraindikationen**: Akutes Koronarsyndrom, Zustand nach Herzinfarkt (6 Wochen), Herzinsuffizienz, kardiogener Schock, AV-Block, Sinusknotensyndrom, Therapie mit β-Blockern (Verapamil und Diltiazem), Schwangerschaft.
- **Pharmakokinetik:**
  - Kalziumantagonisten werden nach oraler Gabe nahezu vollständig resorbiert. Dennoch ist ihre Bioverfügbarkeit aufgrund eines hohen First-Pass-Effekts reduziert. Die Bioverfügbarkeit von Diltiazem kann allerdings aufgrund einer Sättigung der hepatischen Metabolisierung bis auf 90% steigen.
    Die meisten Substanzen dieser Gruppe zeigen einen schnellen blutdrucksenkenden Effekt innerhalb von 30–60 Minuten und haben eine Plasma-Eiweiß-Bindung zwischen 70 und 98%. Die Halbwertszeiten weisen große Unterschiede auf.
  - Nifedipin, Verapamil und Diltiazem werden hepatisch inaktiviert.
    ! ***Cave:*** Die Bioverfügbarkeit und Halbwertszeit sind bei Leberzirrhose deutlich verlängert.
  - Für die Metabolisierung der Dihydropyridine ist das Cytochrom-P-450-System der Leber verantwortlich. Hier spielt vor allem die Isoform CYP3A4 eine Rolle, für die Dihydropyridine Substrate sind. Da CYP3A4 durch Inhaltstoffe von Grapefruits gehemmt wird, ist bei gleichzeitiger Einnahme von Dihydropyridinen mit Grapefruitsaft ein deutlicher Anstieg der Plasmaspiegel beobachtet worden.
- **Präparate und Dosierung:** Siehe Tab. 9.15

! ***Hinweis:*** Für die Dauertherapie der Hypertonie sind in der Regel langwirksame Kalziumantagonisten oder Präparationen in Retardform indiziert. Kurzwirksame Dihydropyridine (z. B. unretardiertes Nifedipin) sollten überhaupt nicht mehr zum Einsatz kommen. Sie können insbesondere bei manifester KHK evtl. einen Myokardinfarkt auslösen.

Tabelle 9.15 Kalziumantagonisten

Substanz	Dosis bei Hypertonie (mg/d)	HWZ (h)
Nifedipin	2 × 20/40 (retard)	3,5–5
Nitrendipin	1–2× 10–20	8–12
Nisoldipin	2 × 2,5–10	8–12
Felodipin	1 × 2,5–10	4–18
Nicardipin	3 × 20–30	2–4
Nilvadipin	1 × 8–16	15–20
Lacipidin	1 × 2–6	13–19
Amlodipin	1 × 5–10	35–50
Isradipin	1–2 × 1,25–5	3–8
Lercanidipin	1 × 10–20	8–10
Verapamil	1 –2 ×120–140	3–7
Gallopamil	3–4 × 25	4–8
Diltiazem	2 × 120–180	ca.5

α-Rezeptorenblocker

! ***Hinweis:*** **α_1-Rezeptoren** sind die klassischen postsynaptischen Rezeptoren an der Gefäßmuskelzelle. Sie vermitteln den vasokonstriktorischen Effekt von Noradrenalin. Die neuronalen **α_2-Rezeptoren** sind vorwiegend präsynaptisch lokalisiert und stellen den hemmenden Schenkel in dem Regelkreis dar, durch den Noradrenalin seine eigene Freisetzung an der sympathischen Nervenendigung autoinhibitorisch reguliert.

- **Nichtselektive α-Rezeptorblocker:** Phentolamin und Phenoxybenzamin blockieren sowohl α_1- als auch α_2-Rezeptoren. Sie spielen nur noch gelegentliche eine Rolle in speziellen klinischen Situationen (z. B. bei der medikamentösen Behandlung des Phäochromozytoms präoperativ und bei Inoperabilität).
- **Selektive α_1-Rezeptorblocker:** Prazosin war der erste Vertreter der selektiven α_1-Rezeptorblocker. Heute stehen Nachfolgesubstanzen, insbesondere Doxazosin, im Vordergrund der Anwendung als Kombinationspartner oder bei zusätzlicher Indikation, z. B. der benignen Prostatahyperplasie. Die selektive α_1-Blockade führte im Vergleich zu den alten nichtselektiven α-Blockern zu einer deutlich geringeren Nebenwirkungsrate.

- **Urapidil** und **Indoramin** haben neben der α_1-Rezeptor-blockierenden Wirkung zusätzlich einen stimulierenden Effekt auf präsynaptische α_2-Rezeptoren, sowie auf zentralnervöse α_2-Rezeptoren (ähnlich Clonidin, S. 116, 161).
- **Indikationen:** Die modernen selektiven α-Blocker haben ihren Hauptstellenwert in der Kombinationstherapie, wenn eine erforderliche Blutdruckkontrolle z. B. mit einer Zweierkombination (S. 133) nicht möglich ist. Dies betrifft insbesondere Patienten mit einem hohen Risiko und einer schwer einstellbaren Hypertonie, z B. fortgeschrittene diabetische Nephropathie (S. 142).

! ***Hinweis:*** Für die Monotherapie werden die α-Blocker von den Fachgesellschaften nicht mehr empfohlen, nachdem in der ALLHAT Studie unter Doxazosin häufiger eine Herzinsuffizienz auftrat als unter dem Diuretikum Chlortalidon. Bei benigner Prostatahypertophie besteht eine Indikation für den bevorzugten Einsatz von Doxazosin oder anderen selektiven α-Blockern. **Urapidil** wird bevorzugt intravenös beim hypertensiven Notfall (S. 108) oder zur intraoperativen Blutdruckkontrolle eingesetzt, insbesondere auch bei Eingriffen am Zentralnervensystem, und in Situationen mit erhöhtem intrazerebralen Druck.

- **Wirkmechanismus:**
  - Die Blutdrucksenkung der α-Blocker erfolgt vorwiegend über eine periphere Gefäßerweiterung (α_1-Rezeptor-Blockade).
  - Urapidil und Indoramin haben zusätzlich einen stimulierenden Effekt auf präsynaptische α_2-Rezeptoren, sowie auf zentralnervöse α_2-Rezeptoren (s. o.)
- **Nebenwirkungen**: Orthostatische Hypotonie (insbesondere zu Beginn der Therapie), Herzklopfen, Kopfschmerzen sowie Müdigkeit.
- **Kontraindikationen:** Aorten- und Mitralklappenstenose, Lungenembolie, Hypotonie, orthostatische Hypotonie, Herzinsuffizienz, Schwangerschaft, Stillzeit.
- **Präparate und Dosierungen:** Siehe Tab. 9.16.

Andere Antihypertensiva

- **Zentralnervös wirksame Substanzen:** Von den zentral angreifenden Substanzen spielen heute nur noch Moxonidin, Clonidin und α-Methyldopa eine klinisch wichtige Rolle.
  - *Clonidin und α-Methyldopa:* Clonidin und α-Methyldopa wirken als Agonisten der zentralen α_2-Rezeptoren im Hirnstamm. Die Simulation dieser Rezeptoren führt zu einer Abnahme des peripheren Sympathikotonus und damit zur Blutdrucksenkung. Die Substanzen sind sehr gut wirksam und haben ein günstiges hämodynamisches

Tabelle 9.16 α-Rezeptorblocker

Substanz	Dosis bei Hypertonie (mg/d)	HWZ (h)
selektiv		
Bunazosin	1 × 3–12	12
Doxazosin	1–2 × 4	9–11
Prazosin	2 × 0,5 bis 3 × 5	2,5–4
Terazosin	1–20	8–12
nichtselektiv		
Indoramin	2 × 25 bis 3 × 50	5–14
Urapidil	2–3 × 30–60	3–7

Profil, sind jedoch belastet durch unangenehme Nebenwirkungen (Müdigkeit, Mundtrockenheit, depressive Verstimmung).

  - *Indikationen:* Clonidin wird noch gelegentlich bei sehr schwerer und schwer einstellbarer Hypertonie im Rahmen einer Multi-Kombination eingesetzt (S. 133). α-Methyldopa hat einen besonderen Stellenwert in der Behandlung der Schwangerschaftshypertonie und Präeklampsie (neben Metoprolol), da hier sehr gute Daten zur Sicherheit für Mutter und Kind vorliegen.

- *Moxonidin:* Moxonidin wurde zunächst als Fortentwicklung von Clonidin charakterisiert, also als Agonist zentraler α_2-Rezeptoren. Inzwischen weiß man aber, dass Moxonidin als Prototyp der zweiten Generation zentraler Antihypertensiva seine Wirkung am sog. Imidazol-Rezeptor, entfaltet. Die Stimulation des Imidazol-Rezeptors führt zu einer Hemmung des zentralen Sympathikotonus und damit zur Blutdrucksenkung. Die hohe Spezifität der Substanz auf die blutdruckregulierenden Gebiete im Gehirn erklärt wahrscheinlich die geringe Nebenwirkungsrate im Vergleich zu den klassischen zentralen Antihypertensiva (z. B. Clonidin).
  - *Indikationen:* Siehe α-Blocker.

▸ **Direkte Vasodilatatoren:** Von den direkten Vasodilatatoren haben **Dihydralazin** und **Minoxidil** noch eine gewisse Bedeutung. Beide Substanzen kommen bei sehr schwerer und schwer einstellbarer Hypertonie, insbesondere bei Niereninsuffizienz, im Rahmen einer Multi-Kombinationstherapie in Betracht. Minoxidil darf nur in Kombination mit einem β-Blocker angewandt werden, da es sonst zu einer schweren Reflextachykardie führen kann. Auch Dihydralazin sollte wegen der Gefahr einer Reflextachykardie nur in Kombination mit einem β-Blocker verabreicht werden.

! ***Beachte:***
- *Minoxidil:* Wegen der Nebenwirkung Hirsutismus sollte Minoxidil bei Frauen nicht angewandt werden.
- *Dihydralazin:* Ca. 50% der Bevölkerung sind „Langsam-Acetylierer", bei denen die Elimination von Dihydralazin verzögert wird (S. 117). Dies kann in höheren Dosen (ab 200 mg) Dihydralazin zu einem häufigeren Auftreten eines medikamenteninduzierten Lupus erythematodes oder anderer Nebenwirkungen (orthostatische Hypotonie, Schwitzen, Kopfschmerzen, Übelkeit) führen.

Wirksamkeit und Verträglichkeit

! ***Hinweis:*** Von besonderer Bedeutung für die Compliance und langfristige Hypertoniebehandlung ist die Vermeidung von Nebenwirkungen.

▸ Sowohl die erwünschte Wirkung (Blutdrucksenkung/organprotektive Wirkung) als auch die unerwünschten Wirkungen sind dosisabhängig. Dabei ist die Beziehung nicht linear, sondern verläuft kurvenförmig (Abb. 9.6). Die Wirksamkeit ist in niedriger Dosierung sehr niedrig, die Verträglichkeit jedoch exzellent. Im Bereich der therapeutischen Breite führt eine Dosissteigerung (z. B. Verdoppelung eines Antihypertensivums) zu einer Zunahme der Wirksamkeit, allerdings wird die Dosis-Wirkungsbeziehung immer flacher. Gleichzeitig nimmt die Nebenwirkungsrate überproportional zu, d.h die Verträglichkeit nimmt ab. Jede Verschiebung der Dosis-Wirkungskurve im Bereich der therapeutischen Breite ist daher von großer Bedeutung und hat erhebliche Konsequenzen für die Wirksamkeit und Verträglichkeit: Eine Verschiebung wie in Abb. 9.6 (gestrichelte Kurven) führt zu einer besseren Wirkung bei gleichzeitig besserer Verträglichkeit auch im höheren Dosierungsbereich. Bei Erreichung der halbmaximalen Wirkung, ist die Verträglichkeit nach wie vor sehr gut. Bei höchster Dosierung ist die Verträglichkeit zwar besser als bei der Standardbeziehung, jedoch sehr viel schlechter als im niedrigen Dosisbereich.

! ***Konsequenz:*** Sämtliche (alten) Antihypertensiva werden heute sehr viel niedriger dosiert als früher bzw. es wird heute frühzeitiger in niedriger Dosis kombiniert.

▸ Tatsächlich ist die antihypertensive Therapie seit der Anwendung niedrigerer Dosen deutlich verträglicher geworden. Optimal wäre natürlich eine Substanz mit sehr guter Wirksamkeit und exzellenter Verträglichkeit selbst in höheren Dosierungen. Diese Situation scheint mit den **AT_1-Rezeptorblockern** tatsächlich erreicht. Es sind bisher

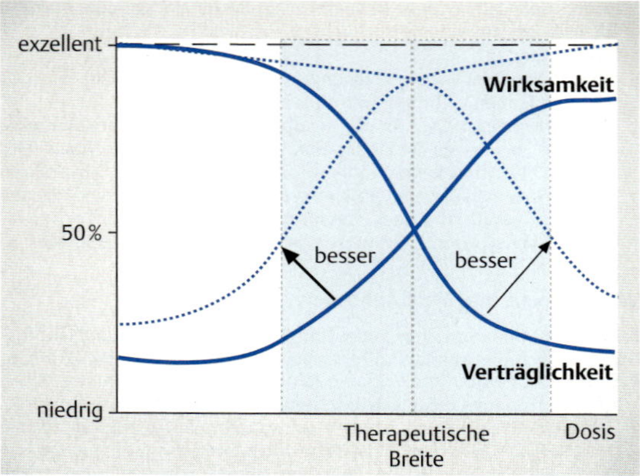

Abb. 9.6 Dosis-Wirkungsbeziehung: Wirksamkeit versus Verträglichkeit (nach Th. Unger)

selbst in hoher Dosierung in den kontrollierten Studien keine Substanz-spezifischen Nebenwirkungen festgestellt worden (S. 147). Abb. 9.7 stellt daher eine völlig neue und ungewohnte Beziehung zwischen Wirksamkeit und Verträglichkeit dar.

! ***Merke:*** Eine erfolgreiche Blutdrucksenkung ohne Nebenwirkungen ist die beste Voraussetzung für eine gute Compliance und damit für eine dauerhafte Hypertoniebehandlung. Eine mangelhafte Compliance ist einer der Hauptfaktoren, die für die unbefriedigende Behandlungssituation in der Praxis verantwortlich sind. Die gute Verträglichkeit der modernen Antihypertensiva sollte mittel- und langfristig auch zu einer besseren Compliance führen. Zwischen den einzelnen Substanzgruppen gibt es allerdings deutliche Unterschiede bei der Therapietreue: Verschiedene Studien konnten zeigen, dass AT_1-Rezeptorblocker und ACE-Hemmer auch nach mehreren Jahren eine deutlich bessere Einnahmetreue haben als andere Antihypertensiva (Abb. 9.8). Damit bestätigt sich, dass das Nebenwirkungsprofil eine entscheidende Rolle für die Compliance in der Langzeittherapie spielt.

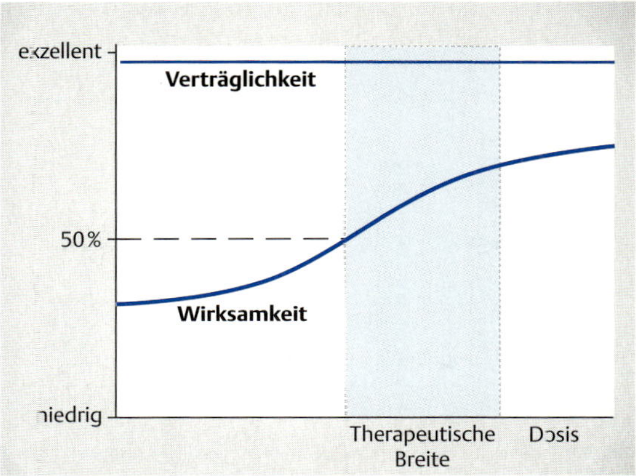

Abb. 9.7 Dosis-Wirkungsbeziehungen bei AT_1-Rezeptorblocker (nach Th. Unger)

Pharmakogenetik

- Die Pharmakogenetik untersucht, inwieweit genetische Polymorphismen oder genetische Varianten, die die pharmakokinetischen dynamischen Prozesse eines Arzneimittels kontrollieren, für interindividuelle Unterschiede in der Wirkung und dem Auftreten von Nebenwirkungen verantwortlich sind. Die Untersuchungen auf der pharmakokinetischen Ebene betreffen den Arzneistoffwechsel, die pharmakodynamische Ebene hat die Wirkung am Rezeptor und nachgeschaltete Systeme im Visier.

! ***Hinweis:*** In der Hypertoniebehandlung verbindet sich mit der pharmakogenetischen Forschung u. a. die Hoffnung, die Effektivität einer bestimmten antihypertensiven Substanz im Einzelfall im voraus abschätzen zu können. Die Responderrate auf eine antihypertensive Monotherapie ist im Kollektiv mit durchschnittlich ca. 50% für **alle** Substanzklassen relativ niedrig. Bisher gibt es keine verlässliche klinische Methode, die individuelle Wirksamkeit eines Antihypertensivums vor Therapiebeginn sicher abzuschätzen. Daher ist die antihyperten-

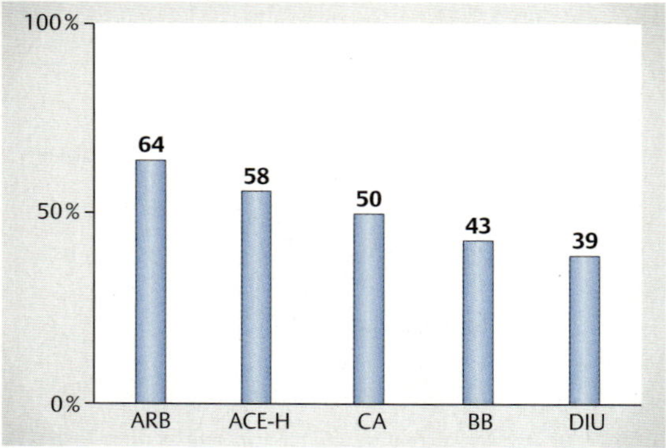

Abb. 9.8 Prozentsätze von Patienten, die ihre verschriebene Medikation 1 Jahr nach Beginn der Einnahme fortsetzten (nach Bloom). ARB = AT1-Rezeptorblocker, ACE-H = ACE-Hemmer, KA = Kalziumantagonisten. BB = β-Blocker, DIU = Diuretika

sive Therapie häufig zunächst ein individueller Behandlungsversuch über Wochen. Auch aus ökonomischen Gründen wäre es daher wünschenswert, die Auswahl der Antihypertensiva gezielter und sicherer gestalten zu können.

▶ Zahlreiche Untersuchungen liegen für genetisch bedingte Veränderungen im Arzneistoffwechsel, z. B. bezüglich des **Cytochrom-Systems** oder der **N-Acetyltransferase** vor:

- *N-Acetyltranferase:* Diese haben Auswirkungen auf die Therapie mit β-Blockern bzw. Hydralazin. Ca. 50% der Bevölkerung sind „Langsam-Acetylierer", bei denen die Elimination von Hydralazin verzögert wird. Dies kann in höheren Dosen ab 200 mg Dihydralazin zu einem häufigeren Auftreten eines Lupus erythematodes oder anderer Nebenwirkungen führen (S. 163).
- *Cytochrom-System* (Tab. 9.17). Die Elimination einiger β-Blocker kann durch eine genetische Variation im *CYP2D6-System* verzögert oder beschleunigt werden. Hierdurch kann die Therapiesicherheit und -wirksamkeit beeinflusst werden. *Metoprolol* kann bei 1–2% der behandelten Patienten wegen eines beschleunigten Abbaus unwirksam oder weniger wirksam sein, während bei 8% ein verzöger-

Tabelle 9.17 Einfluss von CYP2D6 auf den Metabolismus von β-Blockern und Relevanz von CYP2D6-Genvarianten für die Therapie

Substanz	**Lipophilie/Hydrophilie**
Metabolismus durch CYP2D6	**klinische Relevanz von CYP2D6-Genvarianten**
Atenolol	hydrophil
nein (renale Elimination)	nein
Bisoprolol	gemischt
unbedeutend (renale und hepatische Elimination)	nein
Carvedilol	lipophil
ja (und andere CYP-Isoenzyme)	möglich
Metoprolol	lipophil
ja (vorwiegend CYP2D6)	möglich
Nebivolol	lipophil
ja (Bildung aktiver Metabolite)	fraglich

ter Abbau auch in niedriger Dosierung bereits zu Überdosierungserscheinungen führen kann. Auch bei *Carvedilol* kann eine verstärkte Blutdruck- und Herzfrequenzsenkung auftreten. *Nebivolol* wird zwar ausgeprägt durch CYP2D6 metabolisiert. Hierbei entstehen aber aktive Metabolite, sodass keine Auswirkungen des CYP2D6-Genpolymorphismus auf die β-blockierende Wirkung zu erwarten sind.

! ***Hinweis:*** Die unterschiedliche Metabolisierung einiger β-Blocker kann von klinischer Bedeutung sein. Sie kann aber anhand der Blutdrucksenkung und insbesondere der Reaktion der Herzfrequenz relativ einfach erfasst und beurteilt werden.

! ***Hinweis:*** Andere Cytochromsystem-Polymorphismen und ihre Bedeutung für andere Antihypertensiva sind bisher nur wenig bzw. in Einzelfällen untersucht, z. B. CYP2C9 und AT_1-Rezeptorblocker.

▸ Die bisherigen Untersuchungen haben interessante Befunde erbracht, aber noch keinen Durchbruch im o.g. Sinne. Die Befunde zu genetischen Varianten der β-Rezeptoren, des ACE-Gens, AT_1-Rezeptorgen, Angiotensinogen-Gens oder des α-Adducin-Gens sind z. T. widersprüchlich. Bisher am vielversprechendsten sind die Befunde, die einen Zusammenhang zwischen genetischen Veränderungen im Renin-Angiotensin-Aldosteron-System und Adducin, dem Natriumstoffwechsel und dem Ansprechen auf Diuretika, ACE-Hemmer, AT_1-Rezeptorenblocker bzw. auf eine Salzreduktion aufgezeigt haben.

! *Hinweis:* Die klinische Relevanz der einzelnen Befunde muss in prospektiven klinischen Studien nachgewiesen werden.

- *α-Adducin-Gen:* Adducin ist ein Zytoskelettprotein, welches für den Natriumtransport bzw. die Natrium-Kalium-ATPase der Nierentubuluszellen von Bedeutung ist, und aus einer α- und einer β-Untereinheit besteht. Der Polymorphismus des α-Adducins führt offenbar über eine verstärkte tubuläre Natriumrückresorption zu einer Salzsensitivität und einem besseren Ansprechen auf Diuretika, verbunden mit einem niedrigeren Risiko für Schlaganfall und Herzinfarkt unter Diuretikatherapie. Weitere prospektive kontrollierte Studien müssen den klinischen Nutzen aufzeigen.
- *Angiotensinogen-Gen:* Der Angiotensinogen-Polymorphismus wird bei 40–50% der Hypertoniker gefunden. Er geht mit einer verstärkten Genexpression des Angiotensinogens in der Leber und einer erhöhten Angiotensinogenkonzentration im Plasma einher.
- *β_1- und β_2-Rezeptoren:* Bisher scheint es, dass diese Polymorphismen nicht eine bestimmte Hypertonieform oder andere kardiovaskuläre Erkrankung verursachen. Es gibt auch keine signifikanten Hinweise darauf, dass die Therapie mit β-Blockern durch die Polymorphismen wesentlich beeinflusst wird, und zu unterschiedlichen Wirkungen führt.

10 Nicht medikamentöse Therapie

10.1 Grundlagen

▸ **4 Säulen der nicht medikamentösen Blutdrucksenkung:**
- Gewichtsreduktion bei Übergewicht.
- Ernährungsumstellung: Kochsalz ↓, Kalium/Kalzium/Magnesium ↑, mediterrane Kost (viel Obst und Gemüse, Fettreduktion, Fettmodifikation).
- Körperliche Aktivität, Sport.
- Entspannung und Stressbewältigung.

▸ **Effekte einer erfolgreichen Lebensstiländerung** (Tab. 10.1):
- Effektive Blutdrucksenkung.
- Minimierung des Medikamentenverbrauchs.
- Minimierung des Gesamtrisikos.
- Verbesserung der Lebensqualität.
- Steigerung der Lebenserwartung.

! **Merke:** Die Maßnahmen zur nicht medikamentösen Blutdrucksenkung sollten immer und bei allen Schweregraden der Hypertonie empfohlen werden.

- Medikamentöse und nicht medikamentöse Maßnahmen zur Blutdrucksenkung sollten sich immer ergänzen. Nicht medikamentöse Maßnahmen können bei der leichten Hypertonie evtl. ausreichend sein, um den Zielblutdruck zu erreichen. Bei schwereren Hypertonieformen können sie die medikamentöse Therapie unterstützen und verstärken, und so zur Einsparung von Medikamenten führen.
- Nicht medikamentöse Maßnahmen können sehr stark wirksam sein und vielen Patienten Medikamente und potenzielle Nebenwirkungen vollständig oder z. T. ersparen.
- Nicht medikamentöse Maßnahmen wirken auch präventiv und können die Manifestation einer permanenten Hypertonie bei entsprechend disponierten Menschen mit normalem bzw. noch normalem Blutdruck verhindern.

Tabelle 10.1 Blutdrucksenkung durch nicht medikamentöse Maßnahmen

Maßnahme	Blutdrucksenkung (mmHg)	Bemerkungen
Gewichtsreduktion	pro kg ca. 2–3 systolisch ca. 1–2 diastolisch	effektivste Therapie für übergewichtige Hypertoniker!
Salzreduktion auf ca. 5 g NaCl/d	ca. 6 systolisch ca. 4 diastolisch	besonders effektiv bei Salzsensitivität, familiärer Hypertonie
kaliumreiche Ernährung	ca. 3–5 diastolisch	nicht bei Niereninsuffizienz!
Obst und Gemüse	ca. 7 systolisch ca. 3 diastolisch	Daten der DASH Studie (Dietory Approaches to Stop Hypertension)
Obst und Gemüse plus fettmodifiziert/ fettreduziert	ca. 11 systolisch ca. 6 diastolisch	DASH-Daten
Alkoholrestriktion (< 30 g; bei übermäßigem Konsum)	ca. 10 systolisch ca. 6 diastolisch	besonders effektiv bei Konsum > 80 g/d
körperliche Aktivität/ Sport	ca. 8 systolisch ca. 6 diastolisch	z. B. tägliches Ergometertraining

- Von amerikanischer Seite wird in den letzten Jahren die DASH(Dietary Approach to Stop Hypertension)-Diät propagiert. Sie beinhaltet eine an Obst und Gemüse reiche und fettmodifizierte Ernährung, sowie eine zusätzliche Kochsalzeinschränkung. Auf europäische Verhältnisse übertragen entspricht diese Ernährung in ihren Grundzügen der Mittelmeerkost.

10.2 Gewichtsreduktion

- Jeder zweite Hypertoniker ist übergewichtig. Die Adipositas (> 20% des Körpergewichts über dem Normalgewicht, BMI > 30) ist einerseits ein eigenständiger Risikofaktor für kardiovaskuläre Erkrankungen und gilt andererseits als derjenige Faktor, der wohl am häufigsten zur Manifestation einer Hypertonie führt.
- Die Gewichtsnormalisierung hat ihren festen Stellenwert im Behandlungsschema der Hypertonie, wovon sowohl leicht übergewichtige als auch stark adipöse Patienten – unabhängig von der Blutdruckhöhe profitieren.
- Der Erfolg einer Gewichtsreduktion im Hinblick auf die Blutdrucksenkung bei übergewichtigen Hypertonikern ist gut belegt, die Umsetzung dieser Erkenntnisse bereitet in der täglichen Praxis oft große Schwierigkeiten. Entscheidend sind eine wiederholte Motivierung des Patienten und konkrete und befolgbare Handlungsanleitungen zur Essverhaltensänderung.

! ***Hinweis:*** Die erreichbaren Blutdrucksenkungen (Tab. 10.1) könnten bei vielen übergewichtigen Hypertonikern zu einer Blutdrucknormalisierung führen, denn 75% aller Hypertoniker haben nur eine leichte Hypertonie (bis 104 mmHg diastolisch)!

- Zu Beginn der Gewichtsabnahme ist die stärkste Blutdrucksenkung zu beobachten, während im weiteren Verlauf der Blutdruck nicht mehr so deutlich abfällt.
- **Patientenorientiertes Konzept:**
  - Keine kurzfristigen Lösungen anstreben, sondern die chronische Essverhaltensstörung betonen und deren Änderung anstreben.
  - Individuelle konstitutionelle Faktoren berücksichtigen.
  - Bilanzierungs- und Ernährungsprotokolle nicht überbewerten.
  - Wiederholt – besonders in „kritischen“ Situationen (z. B. Medikamenten-Nebenwirkungen, schlecht eingestellte Hypertonie → Motivationsverlust, besonders gut eingestellte Hypertonie → selbstständiges Absetzen der Medikamente) – auf die Möglichkeiten und Chancen einer Gewichtsreduktion aufmerksam machen.

- Kontinuierlich betreuen, wichtig ist ein funktionierendes Wiedereinbestellungs- und Erinnerungssystem.
- Regelmäßige Gewichtskontrollen und Blutdruck-Selbstmessung.

10.3 Ernährungsumstellung

Kochsalz

- Zur Bedeutung der Kochsalzzufuhr bei der Hypertonieentstehung s. S. 74.
- Die Einschränkung des Kochsalzkonsums zur Blutdrucksenkung bei Hypertonikern wird zwar immer wieder kontrovers diskutiert. Die Belege für eine erfolgreiche blutdrucksenkende Wirkung einer moderaten Einschränkung des Salzkonsums sind jedoch sehr zahlreich. Insbesondere salzsensitive Hypertoniker sollten diesbezüglich beraten werden, da sie erwartungsgemäß am stärksten profitieren.
- Ca. 15–20 % der normotensiven weißen Bevölkerung sind salzsensitiv.
- Ca. 40–50 % der Patienten mit primärer Hypertonie sind salzsensitiv.
- Es gibt keinen einfachen Test zur raschen Identifizierung von salzsensitiven Respondern.
- **Praktisches Vorgehen:**
  - Diätetische Beratung bezüglich der Salzrestriktion zunächst „pauschal" für alle Hypertoniker.
  - Bestimmte Patienten sind aufgrund besonderer Merkmale salzsensitiver und können daher gezielter beraten werden:
    - Hypertoniker mit positiver Familienanamnese (ein oder sogar beide Elternteile mit Hypertonie).
    - Übergewichtige und adipöse Hypertoniker.
    - Ältere Hypertoniker.
    - Hypertensive Diabetiker.
    - Patienten mit Niereninsuffizienz (immer positive Nartiumbilanz).
    - Alle Patienten unter medikamentöser Therapie (Ausnahme: Kalziumantagonisten).
  - Zur Erfolgsbeurteilung regelmäßige Blutdruckmessung, v. a. Selbstmessung.
- **Zu erwartende Effekte bei Salzrestriktion:**
  - Die alleinige Kochsalzbeschränkung führt vorwiegend zu einer Senkung des systolischen Blutdrucks.
  - Der Blutdruckabfall beträgt bei den salzsensitiven Hypertonikern ≥ 10 %.
  - Je höher der Blutdruck, umso größer die Wirkung der Salzrestriktion.

- Bei leichter Hypertonie kann eine Einschränkung der Kochsalzzufuhr ausreichen, um den Blutdruck zu normalisieren.
- Wahrscheinlich profitieren alle medikamentös behandelten Hypertoniker von einer zusätzlichen Salzeinschränkung; sicher trifft dies auf die Patienten zu, deren Renin-Angiotensin-Aldosteron-System (RAAS) vorher durch β-Blockade, ACE-Hemmung oder AT_1-Rezeptorenblocker blockiert wurde.

! ***Merke:*** Der Erfolg einer Salzrestriktion korreliert negativ mit der Aktivität des RAAS und positiv mit dem Ausgangsblutdruck und dem Alter der Patienten.

- Es gibt eine klare Dosis-Wirkungs-Beziehung: Je höher die Salzrestriktion, desto größer ist die Blutdrucksenkung.
- Bei jungen Patienten mit leichter Hypertonie hat die Einschränkung der Kochsalzzufuhr allein nur einen geringen Effekt.

! ***Hinweis:*** Es gibt keine klare Altersgrenze. Alle genannten Punkte gelten prinzipiell für alle Alterklassen, insbesondere wenn viel Kochsalz konsumiert wird.

Kalium

- Der physiologische Kaliumbedarf des menschlichen Organismus beträgt ca. 2000–3000 mg pro Tag und entspricht damit etwa dem Kochsalzbedarf.
- Im Gegensatz zur durchschnittlich überhöhten Natriumzufuhr in den westlichen Ländern ist die Kaliumzufuhr mit der täglichen Nahrung eher zu niedrig (v. a. weil bei der Lebensmittel-Verarbeitung Kaliumverluste auftreten, während Natrium über das Kochsalz reichlich zugeführt wird. Dadurch wird das Natrium/Kalium-Verhältnis ungünstig verändert (in westlichen Ländern 3:1; früher lag es bei 1:16).
- Eine erhöhte Kaliumzufuhr kann den Blutdruck von Hypertonikern mit einer durch Diuretika induzierten Hypokaliämie signifikant senken. Andererseits führt eine künstliche Kaliumverarmung bei normotensiven Probanden (20–40 Jahre) zu einem signifikanten Blutdruckanstieg. Eine zusätzliche Kochsalzinfusion führte bei den kaliumverarmten Probanden (Plasmakalium-Konzentration 3,2 mg/dl), nicht aber bei den normokaliämischen Kontrollpersonen, zu einer weiteren signifikanten Blutdrucksteigerung.
- Kalium hat eine Schlüsselrolle bei der Blutdruckregulation. Natrium und Kalium erscheinen hier als Gegenspieler. Der genaue Mechanismus ist noch nicht geklärt. Es scheint jedoch, dass die Sensitivität des Gefäßsystems für Natrium durch Kalium abgeschwächt wird. Die Abnahme tödlicher Schlaganfälle durch eine erhöhte Kaliumzufuhr ist

ein wichtiger Hinweis für die klinische Bedeutung einer kaliumreichen Ernährung.

! **Merke:** Es ist sinnvoll, eine Salzreduktion mit einer kaliumreichen Ernährung zu koppeln.

- Eine kaliumreiche Ernährung bereits im Kindesalter kann möglicherweise vor der Entstehung einer Hypertonie schützen.

Kalzium

- Epidemiologische Daten zeigen eine inverse Beziehung zwischen der Härte des Wassers, die vorwiegend von Kalzium- und Magnesiumionen bestimmt wird, und dem Blutdruck.
- Sowohl eine erhöhte Kalziumzufuhr als auch Kalziumantagonisten sollen sich günstig auf den Blutdruck auswirken? Theoretische Überlegungen gehen davon aus, dass durch eine Erhöhung der Kalziumzufuhr ein latenter oder manifester extrazellulärer Kalziummangel bei Hypertonikern behoben und dadurch die Regulation der intrazellulären Kalziumkonzentration normalisiert wird.
- Vereinzelte Berichte weisen auf einen blutdrucksenkenden Effekt einer erhöhten Kalziumzufuhr hin. Die bisherigen Befunde reichen noch nicht aus, um auf ihrer Basis diätetische Empfehlungen auszusprechen.
- Patienten, die sich sehr einseitig ernähren, z. B. wenig oder keine Milchprodukte konsumieren und eine niedrige Serumkalziumkonzentration und einen erhöhten Parathormonspiegel aufweisen, sollten speziell beraten werden, ihre Kalziumaufnahme zu erhöhen. Die empfohlene Kalziumzufuhr liegt bei 800–1000 mg pro Tag.
- Neuere Daten zeigen, dass fettarme Milch eine zusätzliche blutdrucksenkende Wirkung hat.
- Patienten unter Thiaziddiuretika haben eine positive Kalziumbilanz, da Thiazide die Kalziumausscheidung vermindern. Dies ist möglicherweise ein zusätzlicher antihypertensiver Wirkmechanismus der Thiazide.

Magnesium

- Diuretika, insbesondere Schleifendiuretika, führen zu renalen Kalium- und Magnesiumverlusten. Die zusätzliche Magnesiumgabe führt bei diuretisch behandelten Hypertonikern zu einer weiteren signifikanten Blutdrucksenkung.
- Die Daten zur blutdrucksenkenden Wirkung einer alleinigen Erhöhung der Magnesiumzufuhr sind noch spärlicher als diejenigen zur Kalziumzufuhr. Sie erlauben derzeit noch keine generelle diätetische Empfeh-

lung. Allerdings sollten auch hier gezielt Risikopatienten beraten werden, wobei neben den diuretisch behandelten Hypertonikern auch Diabetiker und Alkoholiker häufig einen Magnesiummangel haben. Die derzeit empfohlene tägliche Magnesiumzufuhr beträgt 300 mg.

Alkoholkonsum

- Im Bereich des milden Alkoholkonsums besteht keine enge Korrelation zur Hypertonie. Erst ab einem Schwellenwert von 210 g pro Woche (2–3 Drinks pro Tag) ist mit einem negativen Einfluss auf den Blutdruck zu rechnen.
- Die genauen Mechanismen der alkoholbedingten Blutdrucksteigerung sind noch unklar (direkte pressorische Effekte, verstärkte Stimulierbarkeit kardiovaskulärer Reflexe, indirekte Wirkungen über das Renin-Angiotensin-Aldosteron-System bzw. das sympathiko-adrenerge System?).
- Eine Einschränkung der Alkoholzufuhr bzw. eine absolute Karenz kann bei schwerer Hypertonie zu starker Blutdrucksenkung (Blutdrucknormalisierung) führen.
- Bei allen Hypertonikern sollte der Alkoholkonsum eruiert werden.
- Bei einer Alkoholaufnahme > 40 g/d sollte auf eine Einschränkung hingewirkt werden (Maximalwerte: Frauen 20–30 g/d, Männer 30–40 g/d; Faustregel: ein Glas z. B. Bier/Wein/Whisky enthält ca. 8–10 g Alkohol).

! ***Hinweis:*** Moderater Alkholkonsum hat möglicherweise eine geringe Blutdrucksenkung zur Folge, und ist zudem durch gefäßprotektive Effekte mit einer Reduktion kardiovaskulärer Ereignisse und der Gesamtsterblichkeit auch bei Hypertonikern assoziiert.

Fischölreiche, fettmodifizierte Diät

- **Wirkungen einer fischölreichen, fettmodifizierten (mehrfach ungesättigte Fettsäuren, pflanzliches Fett und Fisch statt tierischem Fett und Fleisch) Ernährung:**
  - Blutdrucksenkung (über eine durch Prostaglandine vermittelte Vasodilatation?).
  - Verminderung der Plättchenaggregation.
  - Abnahme der Triglyzeride.
  - Zunahme des HDL-Cholesterins.
  - Verbesserte Endothelfunktion.
- Für eine „natürliche" Modifizierung der Ernährung, die eine Reduktion des Fleischkonsums zugunsten eines vermehrten Fischkonsums beinhaltet, sprechen auch positive Effekte auf die Blutfette, die Blutvisko-

sität und die Blutgerinnung. Eine solche Ernährung wirkt evtl. antiarteriosklerotisch.

- Zum jetzigen Zeitpunkt scheinen Empfehlungen für eine dauerhafte Einnahme von Fischölkapseln zur Blutdrucksenkung nicht gerechtfertigt. Es fehlen Langzeituntersuchungen, die den Erfolg und auch die möglichen Nebenwirkungen einer solchen Therapie darlegen.

10.4 Körperliche Aktivität, Sport

- Ausdauertraining ist sowohl zur Blutdrucksenkung bei Hypertonikern, als auch zur Prävention einer Hypertonie bei disponierten Menschen mit noch normalen Blutdruckwerten geeignet.
- Insbesondere bisher inaktive und übergewichtige Hypertoniker profitieren von einem körperlichen Training. Eine halbe Stunde Joggen oder eine Stunde Walking verbrauchen ca. 300Kcal. Tägliches Training mit einem zusätzlichen Verbrauch von 300Kcal/d führt nach einem Monat zu einer Gewichtsabnahme von 1,5–1,8 Kilogramm bei unverändertem Essverhalten.
- Es besteht eine klare Dosis-Wirkungs-Beziehung zwischen der Dauer des körperlichen Trainings pro Woche und dem Ausmaß der Blutdrucksenkung.
- Der blutdrucksenkende Effekt durch körperliches Training ist bei Hypertonikern deutlich ausgeprägter als bei Normotonikern.
- Bei leichter Hypertonie kann hiermit bereits eine Blutdrucknormalisierung erreicht und bei mittelschwerer Hypertonie können Medikamente eingespart werden.
- Der blutdrucksenkende Effekt ist unabhängig von Alter und Geschlecht.
- Die Senkung wird bereits nach 3–4 Wochen regelmäßigen Trainings erreicht. Nach 1–2 Wochen ohne Training steigt der Blutdruck wieder an.
- Körperliches Training sollte stets im Kontext mit anderen Allgemeinmaßnahmen zur Blutdrucksenkung durchgeführt werden, wie Gewichtsreduktion, Ernährungsumstellung, Reduktion von Kochsalz und Alkohol bei entsprechender Disposition.
- Kriterien für die Eignung einer Sportart für Hypertoniepatienten: Art der Belastung, Kraftaufwand, Belastungsumfang, Belastungsintensität, emotionale Beteiligung (Abb. 10.1).
- **Ideale Sportarten für Hypertoniker:** Jogging, Walking, Radfahren. Alle diese dynamischen Sportarten sind aerobe Ausdauersportarten mit geringem Kraftaufwand, mittlerer Belastungsintensität, mittlerem Belastungsumfang und normalerweise geringem Ehrgeiz.

a

Belastungsart	dynamisch	statisch	azyklisch
	gering	**mittel**	**hoch**
Kraftanteil			
Belastungsintensität			
Belastungsumfang			
emotionale Beanspruchung			

b

Belastungsart: Joggen	dynamisch	statisch	azyklisch
	×		
	gering	**mittel**	**hoch**
Kraftanteil	×		
Belastungsintensität		×	
Belastungsumfang		×	
emotionale Beanspruchung	×		

c

Belastungsart: Bodybuilding	dynamisch	statisch	azyklisch
		×	
	gering	**mittel**	**hoch**
Kraftanteil			×
Belastungsintensität			×
Belastungsumfang			×
emotionale Beanspruchung		×	

Abb. 10.1 Eignungsskala und Beanspruchungsprofil von Sportarten (a), beim Joggen (positives Beispiel, b) und Bodybuilding (negatives Beispiel, c).

- **Ungeeignet:** Bodybuilding ist als reiner Kraftsport gekennzeichnet durch zahlreiche statische und zyklische Elemente, einer sehr hohen Belastungsintensität, einem großen Belastungsumfang und ohne großen Ehrgeiz nicht durchzuhalten.
- Entscheidend für den Einfluss auf den Blutdruck ist der Kraftanteil der jeweiligen Sportart.

- **Einfluss unterschiedlicher Sportarten auf Herz-Kreislauf-System und Blutdruck:**
  - *Dynamische, ausdauerorientierte, aerobe Belastung:* Es kommt überwiegend zu einer Volumenbelastung, bei der das Herzzeitvolumen linear zur Intensität zunimmt, während der periphere Widerstand abfällt → systolischer Blutdruck und Herzfrequenz steigen an.
  - *Statische und kraftbetonte Belastung:* Der periphere Widerstand steigt aufgrund der Vasokonstriktion muskulärer Gefäße steil an → starker Anstieg von systolischem **und** diastolischem Blutdruck. Insbesondere in Verbindung mit Pressatmung kann es unter statischer Belastung zu enormen Blutdruckanstiegen kommen: z. B. bei Beinpresse mit Pressatmung auf 320/250 mmHg!
- **Allgemeine Empfehlungen:**
  - *Trainingsfrequenz:* Mindestens dreimal 30 Minuten pro Woche.
  - *Intensität:* 60–80% der maximalen Leistung, Belastungspuls 180 minus Lebensalter

  ! ***Hinweis:*** Medikamentöse Effekte auf die Herzfrequenz, z. B. unter β-Blocker-Therapie, sind zu berücksichtigen!
- **Vor Aufnahme eines regelmäßigen Trainings immer ärztliche Untersuchung, v. a. bei älteren und untrainierten Hypertonikern:**
  - EKG, Belastungstest, evtl. Echokardiographie.
  - Besonders wichtig ist die Bewertung des Blutdruckverhaltens und der koronaren Durchblutung. Ergibt die ergometrische Untersuchung schon im niedrigen und submaximalen Bereich von 50–100 Watt bereits deutlich überhöhte Blutdruckwerte (> 200/120 mmHg), muss besonders bei gleichzeitig vorhandener KHK zunächst eine konsequente antihypertensive Therapie begonnen werden, bevor das Training aufgenommen wird. Hier eignen sich v. a. β_1-selektive β-Blocker.

  ! ***Hinweis:*** β-Blocker können für sonst gesunde Hypertoniker und insbesondere für Sport treibende Hypertoniker problematisch sein, weil sie die Leistungsfähigkeit bei Ausdauerbelastung beeinträchtigen und zu einer vorzeitigen Muskelermüdung führen können. Hier sind ACE-Hemmer und AT_1-Rezeptorblocker zu bevorzugen. Beide Substanzgruppen verhalten sich auch unter Belastungsbedingungen stoffwechselneutral und schränken die Energiefreisetzung nicht ein. Diese Substanzen sind daher für sportlich aktive Hypertoniker Mittel der ersten Wahl. Müssen zusätzlich β-Blocker eingesetzt werden, sollten diese möglichst niedrig dosiert werden. Für die Kombinationstherapie sind die Diuretika sehr gut geeignet.

Tabelle 10.2 Geeignete, ungeeignete und bedingt geeignete Sportarten für Hypertoniker (Auswahl)

geeignet	bedingt geeignet	ungeeignet
· Jogging	· Tennis	· Kraftsport
· Walking	· Badminton	· Sprinten
· Skilanglauf	· Fußball	· Tauchen
· Radfahren	· Handball	· Surfen
· Schwimmen	· Basketball	· Bodybuilding

- Unter dynamischer Belastung sollte bei behandelten Hypertonikern der Blutdruck unter Belastung nicht über das Niveau von Normotonikern ansteigen.

▶ Nach Belastungsende auf dem Fahrradergometer unterschreitet der Blutdruck in der Erholungsphase normalerweise die Ausgangswerte in Ruhe vor Belastung. Ähnlich reagiert der Kreislauf jeweils nach einem Training. In den ersten Stunden ist der Blutdruck niedriger als im übrigen Tagesverlauf. Damit wird das Blutdruckniveau über 24 Stunden insgesamt gesenkt.

▶ Der einfachste und beste Parameter zur Beurteilung des Trainingszustands und der Fitness ist die Ruheherzfrequenz (sympathische Aktivität ↓).

10.5 Entspannung und Stressbewältigung

Entspannungsverfahren

▶ Entspannungsverfahren sind Methoden, die eine Veränderung sowohl physiologischer als auch psychischer Prozesse in Richtung auf Entlastung und Wiederherstellung gestörter seelischer und körperlicher Funktionen bewirken sollen.

▶ Ziel ist die Entspannungsreaktion (sympathikotone Erregungsbereitschaft ↓) mit entsprechenden vegetativen Veränderungen: Muskeltonus ↓, langsame und gleichmäßige Atmung, O_2-Verbrauch ↓, Hautdurchblutung ↑, delta-Wellen im EEG ↑, Herzfrequenz und Blutdruck ↓.

▶ Am besten sprechen diejenigen Patienten auf eine Entspannungsbehandlung an, die psychologisch durch vermehrte Ängstlichkeit und somatisch durch einen gesteigerten Sympathikotonus gekennzeichnet sind (z. B. hohe Pulsfrequenz). Ungeeignet sind die Entspannungsverfahren bei Zwangssymptomatik, hysterieformen Verhaltensformen und Psychosen.

- Die Entspannungsverfahren sind eine ideale adjuvante Therapie; der Blutdruck kann akut und längerfristig gesenkt werden; unangenehme Nebenwirkungen sind nicht bekannt; angenehme Begleitwirkungen sind häufig.
- **Formen:**
  - *Progressive Muskelrelaxation nach Jacobson:* Beruht darauf, dass einzelne Muskeln bzw. Muskelgruppen von Kopf bis Fuß kurzfristig willentlich angespannt und dann wieder entspannt werden.
  - *Autogenes Training:* Erfolgt durch Selbstanweisung. Körperbezogene Übungen, die ein Schwere- und Wärmegefühl in den Extremitäten, eine Leichtigkeit der Atmung, eine angenehme Empfindung in der Herzgegend, eine Wärme im Bauchraum, und eine Kühle im Bereich der Stirn erzeugen sollen.
  - *Meditationsverfahren* beinhalten sowohl körperbezogene (Einnahme bestimmter Körperhaltungen) als auch kognitive Übungsteile: Zentrierung der Aufmerksamkeit auf monotone, sich wiederholende Reize wie Atmung, visuelle Symbole oder Worte (Mantra), um die üblichen Denk- und Erlebnisweisen zu durchbrechen.

Stressbewältigung

- Ziel der Stressbewältung ist es, möglichst früh pathologische Verhaltens- und Verarbeitungsmuster, die zur Sympathikusaktivierung und Blutdrucksteigerung führen zu erkennen und ein gesundes Stressbewätigungsprogramm einzuüben.
- Ob der Blutdruck unter akutem oder chronischem Stress ansteigt und sich eine Hypertonie entwickelt, ist weniger vom Stressor abhängig, sondern vom individuellen Bewertungsmuster. Die „kognitive Umstrukturierung" ist der wirkungsvollste Ansatz zur Lösung der Stress induzierten Hypertonie.
- Die Patienten werden angeleitet, die ungesunden Denk- und Bewertungsschemata in Form der inneren Selbstgespräche zu erkennen und alternative Bewertungsprogramme und Selbstgespräche zu erarbeiten und einzuüben.
- Das Blutdruck-Biofeedback ist ein sehr gutes Instrument, um die Blutdruckreaktion in Abhängigkeit vom jeweiligen Bewertungsmuster und Denkschema zu untersuchen und darzustellen.
- Darüber hinaus werden soziale Verhaltensweisen und Fertigkeiten eingeübt (angemessener Ausdruck von Ärger und Emotionen, Nein-Sagen, Forderungen stellen usw.).
- Entspannungsverfahren und körperliche Aktivität sind wichtige additive Möglichkeiten bei der Stressbewältigung, wirken aber nur symptomatisch.

11 Serviceteil

11.1 Deutsche Hochdruckliga e.V., Deutsche Hypertonie Gesellschaft

- **Aufgaben:**
  - Wissenschaftliche Fachgesellschaft.
  - Koordinator und Initiator von Selbsthilfegruppen.
  - „Hüter" der Leitlinien.
- **Anschrift:** Berliner Straße 46, 69120 Heidelberg, Tel. 06221–411774, Fax -402274
- **E-mail:** hochdruckliga@t-online.de
- **Homepage:** *www.hochdruckliga.de* auf ihr findet man u. a. Informationen zu folgenden Themen:
  - Aktuelle Leitlinien.
  - Therapieempfehlungen.
  - Bildvorlagen für Vorträge.
  - Links zu Fachzeitschriften.
  - Messgeräte Prüfsiegel.
  - Patienteninformationen.

11.2 Buchtipps

Lehrbuch und Nachschlagewerk

Middeke – **Arterielle Hypertonie**, 2004, Georg Thieme Verlag

Patientenratgeber

Middeke, Pospisil, Völker – **Bluthochdruck senken ohne Medikamente**, 6. Aufl. 2005, TRIAS-Verlag

Middeke – **Therapie Kompass Bluthochdruck**, 2005, TRIAS-Verlag

11.3 Literaturhinweise

Literatur zu den einzelnen Kapiteln siehe
www.thieme.de/specials/fakten-hypertonie